ulmer

Jean Riondet

Das erste Bienenvolk – Schritt für Schritt

aus dem Französischen von Claudia Ade

Inhalt

Jean Riondet

Das erste Bienenvolk – Schritt für Schritt

Vorwort

Für Marie

Ich war 13 Jahre alt, als ich bei meinen Eltern einen Holzkasten fand, in dem 17 Rähmchen hingen. Mein Vater erklärte mir daraufhin, dass sein Großvater in Collonge, am Mont d'Or in der Nähe von Lyon, derartige Beuten in ein Gerüst aus versetzt angeordneten Ziegelsteinen eingesetzt hatte. Sie waren eine Erfindung von Georges de Layens, der zusammen mit Gaston Bonnier das Werk *Cours complet d'apiculture et conduite d'un rucher isolé* verfasste, das für zahlreiche Imker im französischen Sprachraum Kultstatus erlangte.

Durch dieses zufällig entdeckte Überbleibsel aus dem 19. Jahrhundert wurde ich allmählich selbst zum Bienenzüchter. Ein Nachbar bevölkerte die Beute mit einem Naturschwarm und ich konnte meine eigenen Bienen beim Nektarsammeln beobachten. Im folgenden Jahr erntete ich eine kleine Menge Honig. Ohne jegliche Kenntnisse schwankte die Ausbeute sehr. In manchen Jahren war die Ernte gut, dann erntete ich wieder wenig oder gar nichts. Meine Bienen überwinterten, vermehrten sich im Frühling, schwärmten aus, starben an Krankheiten oder DDT. Ich war einfach nur – ein Aufsteller von Bienenkisten!

Als Florent Guillaud – der an dem vorliegenden Werk mitgewirkt hat – mit der Imkerei begann, war er gerade neun Jahre alt und *Varroa* existierte ebenfalls schon. Ihm genügte es längst nicht mehr, einfach nur Zargen aufeinanderzustapeln. Er wollte zu einem echten Zuchtexperten werden, um seinen Bestand weiterzuentwickeln. Er ließ sich von Profis unterweisen, nahm an Kursen teil und war ständig auf dem neuesten technischen und wissenschaftlichen Stand, was Bienen anging.

Mit dem Aufkommen der Neonikotinoide ab dem Jahr 1995 änderte sich die Gesamtlage vollständig. Die Bienen wurden durch diese Gifte dauerhaft geschwächt und ihre Pflege wurde zu einem besonderen Anliegen, das allen Imkern am Herzen liegt. Umso wichtiger ist es, dass sich viele Menschen für die Imkerei begeistern können.

Zum ersten Bienenvolk gelangt man oft durch Zufall. Ein Schwarm, der sich im Garten niederlässt, ein Verwandter, der eine gebrauchte Beute anzubieten hat, oder aber eine Fernsehsendung, bei der es Klick macht – und schon wird aus anfänglichem Interesse eine Leidenschaft. Dieses Buch hat den einzigen Zweck, Ihnen bei Ihren ersten Schritten zu helfen und Sie dabei zu unterstützen, Ihren Bienen die bestmöglichen Bedingungen zu bieten – und damit auch etwas für sich selbst zu tun.

Jean Riondet

Imkern – was ist das eigentlich?

Manchmal werden Imker als „Schäfer der Bienen“ bezeichnet. Das stimmt – und stimmt auch wieder nicht! Natürlich bedarf es einer speziellen Pflege, wenn man möchte, dass ein Bienenvolk unserer einheimischen Biene *Apis mellifera* gedeiht und Honig produziert. Aber sie ist (und wird es immer sein) ein wild lebendes Insekt, das von seiner natürlichen Umgebung abhängig ist und mit ihr im Austausch steht. Das sollte man bei der Pflege eines Bienenvolks immer vor Augen haben.

Abhängig vom verwendeten Material, von der Region, in der Sie leben und der Bienenrasse, die Sie sich ausgesucht haben, kann sich die Pflege eines Bienenvolks durchaus unterscheiden. Die wichtigsten Voraussetzungen bleiben jedoch immer gleich. Die Bienen benötigen in ihrer Umgebung qualitativ hochwertige Blüten und eine angemessene tiermedizinische Versorgung, um gut über den Winter zu kommen. Die Honigernte sollte außerdem nicht auf ein Plündern des Honigvorrats hinauslaufen. Das sind die Goldenen Regeln, die sich jeder Imker vor Augen halten sollte.

Verstehen Sie die Lebensweise der Bienen!

Bienen bauen ihre Waben spontan an einem Ort, der ihnen Schutz bietet. Dabei spielt die Form keine Rolle. Ein hohler Baumstamm, ein Loch in einer alten Mauer oder ein stillgelegter Kamin werden gern angenommen. Je nach der Wohnstatt, die sich das Bienenvolk ausgesucht hat, sind die Waben entweder vollkommen parallel angeordnet oder eher willkürlich ineinander verschachtelt. Lange Zeit – in bestimmten Regionen der Erde auch heute noch – herrschte eine bestimmte Art der Imkerei vor. Man holte sich die Waben aus der Bruthöhle und musste sie dabei zerstören, was meist den Tod des gesamten Bienenvolks bedeutete.

Heute hält man Bienen an einem Ort (der Beute), der speziell für sie konzipiert wurde. Man stellt für sie Rähmchen her, in die sie ihre Waben bauen können. Diese Rähmchen sind beweglich, sodass der Imker neue hinzufügen, alte entfernen oder an anderer Stelle einfügen kann, wie es das Bienenvolk und die Jahreszeit erfordern. Mit dieser Art der Haltung befasst sich der heutige Imker in erster Linie.

Im Innern der Beute

Unter einer Beute versteht man einen Holz- bzw. Plastikkasten, der Rähmchen enthält. Sie besitzen nur eine dünne Mittelwand aus Wachs, die den Bienen als Baugrundlage für ihre Waben dient (siehe Seite 41). Der Imker zwingt die Bienen damit, ihre Waben in diesen vorgegebenen Rähmchen zu bauen. Sie sind parallel eingebaut, und zwar in einem Abstand voneinander, der dem von Naturwaben entspricht.

Durch diese Anordnung können die Waben aus der Beute herausgenommen werden, ohne dass sie auseinanderbrechen. Man kann sie inspizieren, umstellen, einen Teil entnehmen, um sie in eine andere Beute einzusetzen und somit ein neues Bienenvolk gründen oder eingreifen, wenn Probleme (Krankheiten, Parasiten) auftreten.

In diesem Buch beziehen wir uns sehr häufig auf die Dadant-Betriebsweise mit zehn Rähmchen, die weitverbreitet und für Anfänger gut zu handhaben ist. Kurz gesagt, man kann die Bienen in dieser

Beute gut überwachen, ohne ihnen zu schaden.
Die Bienen, die in einer Beute leben, nennt man ein Bienenvolk. Zu ihm gehört die Königin, das einzige weibliche Tier, das Eier legt. Die Arbeiterinnen sind unfruchtbare Weibchen, die im Lauf ihres Lebens ihre Aufgabenbereiche wechseln (siehe Seite 16). Die Drohnen sind die männlichen Tiere. Außerdem gehört die Brut zum Bienenvolk – Eier und Larven im Entwicklungsstadium bis hin zum ausgewachsenen Insekt.
Entgegen der üblichen Meinung verbringen Bienen nicht den ganzen Tag draußen und fliegen in der Sonne umher! Die meisten Arbeiterinnen fristen ihr Dasein in der Dunkelheit der Beute, wo sie unermüdlich arbeiten. Sie säubern, füttern, produzieren und bauen, um den Fortbestand des Bienenvolks sicherzustellen. Nur die Sammlerinnen schwärmen aus, um für Nahrung zu sorgen. Diese Arbeit verrichten die Arbeiterinnen am Ende ihres Lebens.
Die Königin hingegen verlässt die Beute das erste Mal während ihres Hochzeitsflugs und verbringt ihr restliches Leben mit der Eiablage, um die Zukunft des Bienenvolks zu gewährleisten. Wenn jedoch die Zeit des Schwärmens naht, kann die Königin – falls nötig – mit der Hälfte ihres Volks davonfliegen, um ein neues zu gründen.

Das Bienenvolk im Wechsel der Jahreszeiten

Das Bienenvolk ist eine Einheit, die sich an unterschiedliche Umstände anpassen kann. Bis Mai entwickelt es sich sehr schnell, genau wie draußen die Natur und die Blüten, die geradezu explodieren. Die Königin legt unaufhörlich Eier und die Brut nimmt immer mehr Rähmchen in Anspruch. Die Bienen verbrauchen den Pollen und Nektar, den die Sammlerinnen unablässig in die Beute tragen, und das Bienenvolk wächst. Um ihm das Wachstum zu ermöglichen, stellt der Imker zusätzliche Rahmen zur Verfügung.
Von Ende April bis Ende Juni durchlebt das Bienenvolk seine Blütezeit – und zwar in der Enge der Beute. Die Arbeiterinnen finden keinen Platz mehr, um Honig und

Dieses Bienenvolk lebt in einem hohlen Baumstamm.

Pollen zu lagern, und die Brut belegt fast die gesamten Rähmchen. Das ist der Zeitpunkt, an dem der Imker eine zusätzliche Zarge auf die Brutzarge der Beute aufsetzen muss. Sie enthält ebenfalls Rähmchen, die jedoch nicht so hoch sind wie die im Korpus. Wegen des Platzmangels in der Brutzarge lagern die Bienen nun den Honig in dieser Zarge. Aus ihr entnimmt der Imker dann zum gegebenen Zeitpunkt den Honig für seinen eigenen Bedarf.

Mit fortschreitendem Sommer nimmt die Zahl der Blüten ab, es herrscht Hitze, und die Sammlerinnen bringen weniger Nektar und Pollen in die Beute. Die Königin legt weniger Eier, der Bestand der Brut nimmt ab und beansprucht weniger Rähmchen in der Beute. Nun beginnen die Bienen damit, Honig- und Pollenvorräte für den Winter anzulegen. Der Imker hat die Honigzargen entfernt und seinen Honig geerntet. Er reduziert nun die Anzahl der Rahmen im Korpus und somit die Größe der Beute.

Im Herbst geht die Bevölkerung der Beute zahlenmäßig noch mehr zurück. Dennoch werden junge Bienen geboren, die sogenannten Winterbienen, die sich während der kältesten Monate auf einigen Honigrähmchen in der Beute (siehe Seite 20) zu einer Wintertraube zusammenschließen, um den extremen Temperaturen standzuhalten.

Der Imker hilft dem Bienenvolk, indem er die Wärme, die von der Traube erzeugt wird, mithilfe von isolierenden Trennwänden bewahrt, die er zu beiden Seiten der besetzten Rähmchen aufstellt.

Kaum sind im Januar/Februar die ersten schönen Tage zu verzeichnen, nimmt das Bienenvolk auch schon wieder seine Aktivitäten auf und der Zyklus beginnt von Neuem.

Betreuung mit viel Feingefühl

Der Imker hilft dem Bienenvolk, die verschiedensten Klippen zu nehmen. Die Bienen sollen qualitativ hochwertigen Honig produzieren, und zwar in ausreichender Menge, sodass er ihren Nahrungsvorrat und gleichzeitig den Bedarf des Imkers deckt. Die Bienen müssen vor Krankheiten und Parasiten geschützt werden und sie brauchen eine artgerechte Umgebung. Das alles versteht man unter einer einfühlsamen und fachgerechten Betreuung, durch die der Imker seine Bienenvölker hoffentlich dauerhaft erhalten kann, ganz gleich, ob er eine oder hundert Beuten besitzt!

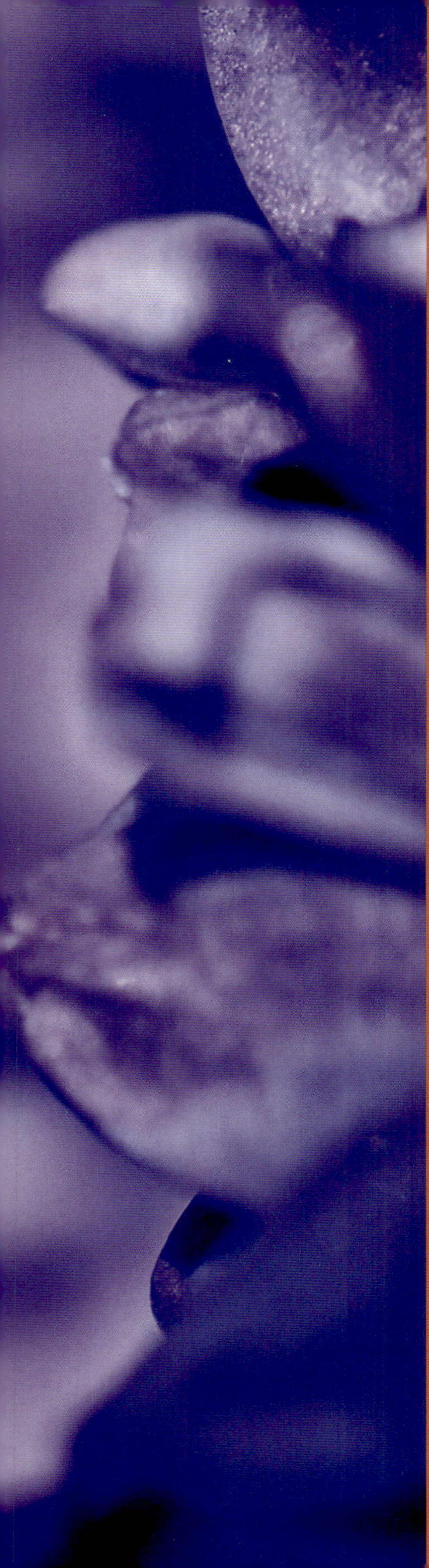

Wie leben Bienen?

Unsere einheimische Westliche Honigbiene *Apis mellifera* soll sich bereits vor einigen Millionen Jahren in Afrika entwickelt haben. Dank ihrer Robustheit hat sie zahlreiche klimatische Veränderungen überlebt, doch heute geht ihr Bestand zurück. Damit die Bienen bei bester Gesundheit bleiben, muss der Imker sich bei der Pflege seiner Bienenvölker auf seine Fachkenntnisse verlassen können. Er muss oft gezielt eingreifen, um Veränderungen des Klimas und der Umwelt auszugleichen.

Der Lebenszyklus der Bienen

Man unterscheidet zwischen der Biene (dem einzelnen Insekt) und der Bienengruppe (dem Volk, auch als Bien bezeichnet). Im Gegensatz zu den sogenannten solitären Bienenarten kann unsere Biene *Apis mellifera* nicht allein existieren. Ihr Überleben hängt von ihrem Volk ab, in dem sie in ständigem Austausch mit den anderen Bienen lebt.

Ein Ei, drei Möglichkeiten

In der Beute (der Behausung der Bienen) werden die Eier von der Königin gelegt. Aus ihnen können drei unterschiedliche Bienenwesen entstehen: eine Arbeiterin, ein Drohn oder eine Königin. Im Zusammenhang mit diesen drei Bienenkategorien spricht man auch von Kasten.

Aus einem unbefruchteten Ei schlüpft immer eine männliche Biene, ein sogenannter **Drohn**.

Ein befruchtetes Ei ergibt ein weibliches Tier, und zwar

- eine **Königin**, wenn die Bienenlarve bis zum Schluss mit Gelée royale ernährt wird;
- eine **Arbeiterin**, wenn die Larve nur anfangs mit Gelée royale, später jedoch mit einem Brei aus Honig und Pollen ernährt wird. Eine Arbeiterin ist unfruchtbar, wenn es zur gleichen Zeit eine fruchtbare, Eier legende Königin im Bienenvolk gibt.

Diese Besonderheit ermöglicht es einem Volk, das keine Königin mehr hat, aus einem befruchteten Ei eine neue heranzuziehen und damit das Überleben des Bienenvolks zu sichern.

Vom Ei zur Biene

1. Das Ei wird senkrecht in eine leere Zelle gelegt. Innerhalb von drei Tagen durchläuft es eine langsame Entwicklung: Es neigt sich, bis es schließlich am Boden liegt (siehe Seite 16).
2. Die Eihülle öffnet sich und eine Larve schlüpft, die zuerst als Rund- und dann als Streckmade bezeichnet wird. Sie wird von den Ammenbienen gefüttert.
3. Nach Ablauf von acht Tagen (bei einer Königin) bzw. neun Tagen (bei einer Arbeiterin) wird die Zelle, in der sich das Ei befindet, verdeckelt. Die Bienen verschließen sie mit einem Deckel aus einem Wachs-Propolis-Gemisch.
4. Nun beginnt die Verpuppung – die Verwandlung der Larve in eine Biene. Die Larve benötigt dafür viel Wärme (rund 34 °C). Dafür sorgen die jungen Arbeiterinnen und die Drohnen. Sie lassen ihre Brustmuskulatur zittern, sodass ihre Temperatur auf 40 °C ansteigt. Auf diese Weise erwärmen die Bienen das Brutnest.
5. Von der Eiablage bis zum Schlupf des erwachsenen Insekts dauert es

- 16 Tage bei einer Königin,
- 21 Tage bei einer Arbeiterin,
- 24 Tage bei einem Drohn.

Unter der **Brut** versteht man die Gesamtheit aller Eier und Larven, als **Brutnest** den Bereich der Beute, in dem die Königin die Eier ablegt.

Sind die Zellen offen, in denen sich die Eier oder die Larven befinden, so spricht man auch von offenen Brutzellen. Sind sie hingegen mit einem Deckel versehen, so bezeichnet man sie als verdeckelte Brutzellen.

Verdeckelte Brutzellen erkennt man an dem gewölbten, braun gefärbten Deckel, der jede einzelne Zelle bedeckt. Nicht zu verwechseln ist dieser Deckel mit dem feinen, flachen und durchscheinenden Honigdeckel oder dem weiß, orange, gelb oder schwarz gefärbten Pollen, der in den offenen Zellen gelagert wird, die sich um die Brut herum oder auf den angrenzenden Waben befinden.

Gut zu wissen

Je nach Qualität und Vielfalt der während des Larvenstadiums verfütterten Proteine (Eiweiße) unterscheiden sich die künftigen Bienen in ihrer Langlebigkeit und ihrer Widerstandskraft gegen Krankheiten. Einige dieser Proteine spielen eine zentrale Rolle bei der Fortpflanzung sowie der sozialen Organisation innerhalb des Bienenvolks. Proteine sind in den Pollen enthalten, die von den Sammlerinnen in den Blüten geerntet werden.

Die Königin auf der Brut.

Verdeckelte Honigzellen darf man nicht mit Brutzellen verwechseln.

Unterschiedliche Lebenserwartung bei Arbeiterinnen

Die Lebensdauer einer Biene kann stark variieren, je nach Jahreszeit und den Bedürfnissen des Bienenvolks.

Im **Sommer** lebt eine Biene durchschnittlich sechs Wochen lang. Davon verbringt sie drei Wochen im Innern der Beute und weitere drei Wochen als Sammelbiene in der Umgebung. Wenn es jedoch die Umweltbedingungen erforderlich machen, kann diese Zeitspanne länger oder kürzer sein.

In der **kalten Jahreszeit** kann eine Biene bis zu 160 Tage lang leben, wobei das Leben im Zeitlupentempo abläuft.

Verschiedene Aufgaben im Lauf des Lebens

1. bis 4. Tag: Die Biene lebt auf dem Rähmchen, in dessen Wabe sie geschlüpft ist. Während dieser vier Tage reinigt sie die Wabenzellen. Ihr Körper entwickelt sich und ihr Außenskelett wird härter.

4. bis 9. Tag: Die Futtersaftdrüsen im Kopf der Biene entwickeln sich. Sie produziert als Ammenbiene Gelée royale sowie Futterbreie für die Larven und die Drohnen. Danach bilden sich diese Drüsen allmählich zurück.

10. bis 17. Tag: Die Wachsdrüsen sind voll ausgebildet und sind in der Lage, Wachs zu produzieren, wenn Nahrung in Hülle und Fülle vorhanden ist. Die Biene arbeitet als Baubiene, wärmt die Brut und beteiligt sich am Zusammentragen des Nektars.

17. bis 20. Tag: Die Wachsdrüsen bilden sich zurück und die Biene wird zur Wächterin. Sie bewacht den Eingang der Beute und weist Eindringlinge, kranke Bienen und Drohnen (wenn die Nahrung knapp ist) zurück.

21. Tag bis zum Tod: Die Biene arbeitet als Sammel- oder Trachtbiene und Wasserträgerin. Außerdem erfüllt sie auch die Funktion einer Wächterbiene.

Faszinierende Anpassungsfähigkeit

Die biologische und soziale Anpassungsfähigkeit der Bienen ist erstaunlich! Die oben in Tagen angebene Abfolge der unterschiedlichen Aufgabenbereiche, die mit dem biologischen Alterungsprozess einhergeht, kann stark variieren. In Wirklichkeit resultiert sie aus dem ständigen Wechselspiel zwischen den Bedürfnissen der Larven, den Ressourcen, die die Natur zur Verfügung stellt, und den Wetterbedingungen.

Vom Ei zur Biene

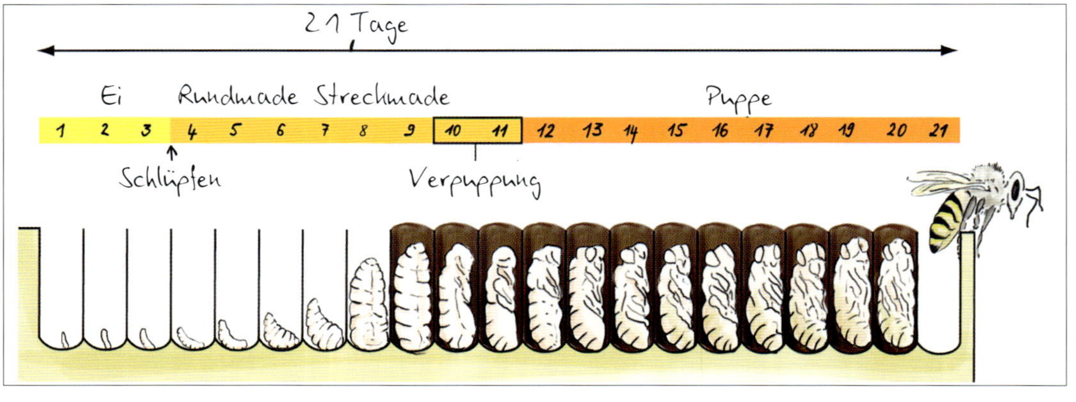

Die Königin – Mutter aller Bienen

Die Königin schlüpft aus einem befruchteten Ei und ihre Larve wird mit Gelée royale ernährt. Die Lebenserwartung einer Bienenkönigin kann sechs Jahre betragen. Tatsächlich sind es jedoch selten mehr als drei. Da sie größer und länglicher als eine Arbeiterin ist, kann man sie gut erkennen. Die Bienenkönigin verlässt die Beute nicht – außer für ihren Hochzeitsflug, den sie ein einziges Mal in ihrem Leben unternimmt und bei dem sie befruchtet wird (siehe Seite 124). Außerdem kann sie die Beute auch mit einem Schwarm verlassen. Die Königin wird vom Imker mit einem farbigen Punkt markiert, um sie leicht ausfindig machen zu können. Das sollte im Frühjahr erfolgen, wenn die Population noch nicht so groß ist. Der Imker kann die Königin dann leicht finden.

Der Drohn

Drohnen gibt es vom Frühling bis zum Sommer. Ihre Lebensdauer (ungefähr 90 Tage) hängt von den Arbeiterinnen ab, die sie ernähren. Die Männchen sind nicht in der Lage, sich selbst zu versorgen. Bei Nahrungsknappheit werden sie von den Arbeiterinnen verjagt und müssen verhungern. Drohnen werden von allen Völkern aufgenommen. Sie wandern daher von einer Beute zur anderen und legen dabei große Entfernungen zurück. Auf diese Weise sichern sie einen genetischen Austausch und verhindern die Auswirkungen einer starken Inzucht. Drohnen sind aber auch Überträger von Bienenkrankheiten.

Ein Männchen hat nur wenig Gelegenheit, eine Königin zu begatten. Sie paart sich auf ihrem Hochzeitsflug mit etwa 30 Drohnen, die nach der Paarung sterben. Drohnen sind auch dafür zuständig, die bei der Verpuppung der Larven erforderlichen 34 °C aufrechtzuerhalten.

Oft werden fälschlicherweise Hummeln als männliche Bienen angesehen. Es handelt sich bei ihnen aber um eigene Arten. Die männliche Biene nennt man Drohn.

Die Königin ist von ihren Arbeiterinnen umgeben.

Unser Tipp

Um sicherzustellen, dass genügend Eier abgelegt werden, ist es empfehlenswert, die Königin jährlich auszutauschen. Eine im Jahr N geborene Königin beginnt im Jahr N + 1 mit der Eiablage und wird vor der Eiablage im Jahr N + 2 ausgetauscht.

Das Bienenvolk im Lauf des Jahres

Ihren ausgezeichneten Pollen liefert die Weide schon zu Beginn der Saison.

Gut zu wissen
Eine ausgiebige Nektartracht bei den Weiden lässt auf ein Jahr des Schwärmens schließen.

Diese Biene sammelt auf einem Haselnussstrauch. Er blüht als einer der Ersten, sein Pollen ist jedoch minderwertig.

Apis mellifera ist ein soziales Insekt und das Überleben des Volks hat Vorrang vor dem des Individuums. Folglich betreut der Imker seine Bienen nicht einzeln, sondern als Gruppe in ihrer Beute. Das Bienenvolk lebt dennoch nach dem Rhythmus der Natur und richtet sich nach einem eigenen Kalender. Das müssen Sie beachten, wenn Sie Ihre Arbeit planen.

Mitte bis Ende Januar

Sobald die Tage wieder deutlich länger werden, beginnt die Königin mit der Eiablage. Die Bienen sind damit beschäftigt, die Larven mit selbst hergestelltem Futterbrei zu ernähren und eine neue Brut anzulegen. Dafür fressen sie sämtliche Reserven an Honig und Pollen, die sie im Herbst eingelagert haben.

Februar bis März

Die Bienen ziehen nun erheblich mehr Brut auf, da der Pollen der ersten Blüten verfügbar ist. Obwohl der des Haselnussstrauchs von minderwertiger Qualität ist, stellt er doch die erste große Nahrungsquelle dar. Danach blühen die Weiden, die sehr reich an Nektar und Pollen sind.

April bis Juni

Das Blütenangebot explodiert förmlich. Die Eiablage der Königin wird noch intensiviert und die Brut entwickelt sich nun sehr rasch.

Blütezeiten und das Leben im Bienenvolk
Die Blütezeiten haben einen Einfluss auf das Gedeihen eines Bienenvolks. Gewöhnen Sie sich an, in jedem Jahr den Zeitpunkt der Blütezeiten der wichtigsten Pflanzen (Heidekraut, Raps, Linde, Lavendel und andere) zu notieren. Diese Trachten liefern typische und beliebte Honigsorten. Aber auch die Zeiten der häufigsten unscheinbar wirkenden Blüten sollten Sie sich merken. Sie sorgen ebenso für Vielfalt bei Proteinen und Nektar, die für die Gesundheit Ihrer Bienen unerlässlich sind. Je nach Breitengrad, Höhe und Meeresnähe kann dieser „Blütenkalender" um einige Wochen variieren – verglichen mit den Angaben, die Sie in Fachbüchern über Bienentrachtpflanzen finden werden.

Interaktion im Bienenvolk

Interaktionen finden ständig statt und bestehen aus Nahrungsaustausch, Berührungen mit den Fühlern, Tänzen sowie spezifischen Tönen (Vibrationen). Bienen ziehen auch ihren Nachwuchs gemeinsam groß, kümmern sich als Gemeinschaft um die Verteidigung ihrer Beute, leisten ihren Beitrag zur Versorgung des Bienenvolks und nutzen zusammen die Nahrungsvorräte, bevor sie eingelagert werden.

Temperatur in der Wintertraube

Um den Winter überleben zu können, schließen sich die Bienen zu einer Wintertraube zusammen. Sie versammeln sich auf einer Honigwabe, von deren Honig sie leben. Im Kern der Traube herrscht eine konstante Temperatur von 31 °C. Die Bienen wechseln sich ständig mit anderen ab, sodass jede vom Zentrum der Traube zum Fressen an den Rand wandern kann – und wieder zurück. So wärmen sie die Gruppe, aber nicht die Umgebung.

Die Sammlerinnen versorgen das Volk mit Pollen und Nektar. Die in der Beute lebenden Bienen produzieren Honig, und zwar in Mengen, die über dem Bedarf des Volks liegen. Und diesen Überschuss nutzt der Imker. Der Rest stellt die Reserven für das Volk während der kalten Jahreszeit dar.

Juli

Die Zeit der üppigen Blüte neigt sich dem Ende zu. Früchte und Getreide sind reif und es ist warm und trocken. Die Bienen finden weniger Nahrungsressourcen, sie produzieren weniger Gelée royale und die Königin reduziert die Eiablage.

August bis September

Im Lauf des Augusts fallen Niederschläge, die zu einer spätsommerlichen Blütezeit führen. Sie bietet den Bienen die Gelegenheit, ihre Wintervorräte an Honig und Pollen zu vervollständigen und Gelée royale zu produzieren. Die Königin verstärkt nun wieder die Eiablage. Die jungen Bienen, die während dieses erneuten Aufschwungs schlüpfen, verbringen den Winter in der Beute.

Oktober bis November

Die Königin legt immer weniger Eier. Die Bienenpopulation in der Beute geht zurück. Die Reserven für den Winter werden nun allesamt unter Dach und Fach gebracht.

Dezember und Anfang Januar

Die Königin hört vollständig mit der Eiablage auf (außer in besonders milden Regionen), und die Population in der Beute ist auf ein Minimum geschrumpft (etwa 1,5 bis 2 kg Bienen). Mit Einbruch der Kälte igeln sich die Bienen in ihrer Beute ein – sie bilden eine sogenannte Wintertraube (siehe Zeichnung). Doch an windstillen Tagen, wenn die Temperatur 10 °C übersteigt und die Sonne etwas Wärme spendet, kann es durchaus sein, dass die Bienen die Beute verlassen.

Das Bienenvolk ist anpassungsfähig

Die Zusammensetzung eines Bienenvolks kann je nach Jahreszeit in Bezug auf Größe und Kasten variieren.

Die **Königin** ist etwas Besonderes. Das Bienenvolk duldet jeweils nur eine Königin in der Beute. Ist eine zweite Königin vorhanden, dann kommt es entweder zu einem Kampf zwischen beiden oder eine von ihnen verlässt die Beute mit der Hälfte des Volks (das sogenannte Schwärmen). Je nach Alter und Anzahl der Ammenbienen legt die Königin zwischen 1000 und 2500 Eier pro Tag.

Die Zahl der **Drohnen** oder männlichen Bienen kann in der warmen Jahreszeit einige Tausend Exemplare pro Beute erreichen. In Zeiten der Not werden sie allerdings von den Arbeiterinnen davongejagt, da sie nichts zur Ernährung des Volks beitragen.

Die **Arbeiterinnen** bilden den Großteil der Population. Ungefähr 10 000 Bienen wiegen ein Kilogramm. Im Winter wiegt das Bienenvolk 1,5 bis 2 kg. Im Juni hingegen – nach dem großen Blütenangebot des Frühlings – erreicht es ein Gewicht von 10 kg. Das sind rund 100 000 einzelne Bienen.

Die **Brut** besteht aus Eiern und Larven im Entwicklungsstadium. Man findet sie auf beiden Seiten der Rähmchen in der Mitte der Beute, wo sie sich in Form eines Ovals verteilt. In sich stark vermehrenden Völkern nimmt die Brut die gesamte Oberfläche des Rähmchens ein. Im Januar ist noch wenig Brut vorhanden (sie hat dann die Größe von zwei Handflächen auf beiden Seiten eines oder zweier Rähmchen). Anfang April nimmt sie sechs Rähmchen ein, Ende Mai sind es neun. Allerdings sind das nur Anhaltspunkte. Je nach Standort und Jahr können sich die Zahlen durchaus unterscheiden.

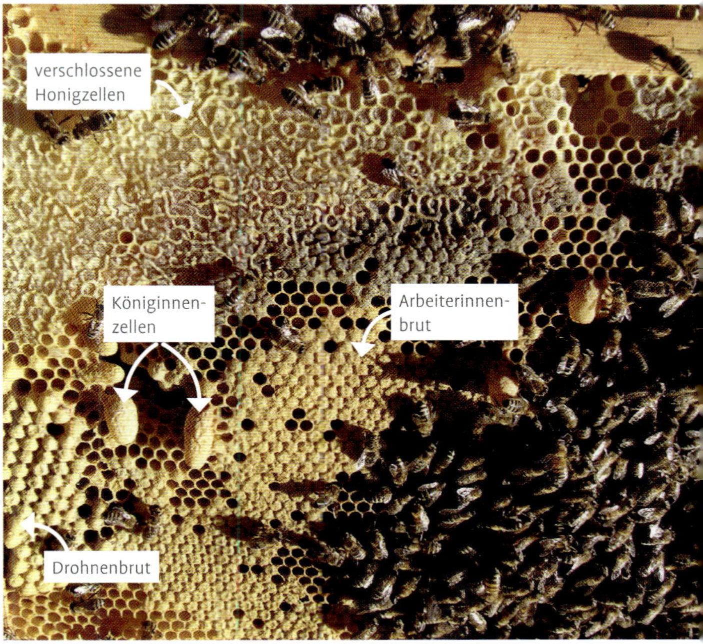

Auf diesem Rähmchen erkennt man deutlich die verschlossenen Honig- und unterschiedliche Brutzellen.

Von Arbeiterinnen verjagte Drohnen werden verhungern.

Das Zeichnen der Königin

Das Zeichnen der Königin sollten Sie unbedingt beherrschen. Mit etwas Übung werden Sie sie ohne größere Schwierigkeiten finden, da sie ja auf den Rähmchen lebt, auf denen sie die Eier ablegt.

Was wird benötigt?
Greifklammer, Zeichenrohr, Spezialfarbe oder Zeichenstift.

Schritt 1

Räuchern

Geben Sie nur sehr wenig Rauch (zwei Stöße mit dem Blasebalg genügen vollkommen).

Schritt 2

Die Königin finden

Entfernen Sie die Rähmchen am Rand, damit die Königin nicht seitlich über die Zarge entkommen kann. Heben Sie möglichst viele Rähmchen heraus und lassen Sie die Rähmchen mit offener Brut übrig, auf denen sie sich eigentlich aufhalten sollte. Überprüfen Sie rasch die Rähmchen mit Honig und Pollen, danach die Rähmchen mit verschlossener Brut. Suchen Sie die Königin auf den Rähmchen mit Eiern und offener Brut, denn dort müsste sie zu finden sein.

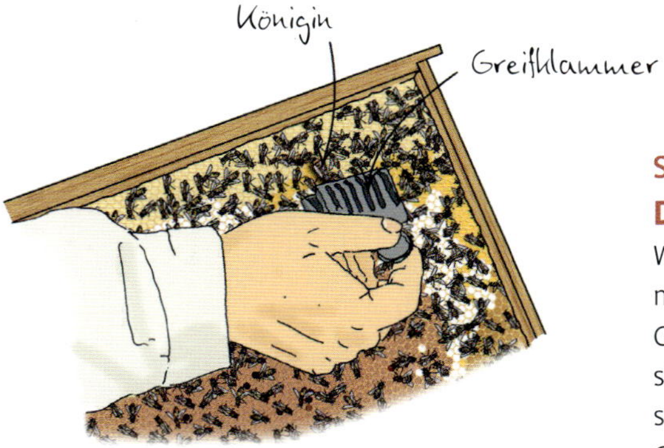

Schritt 3
Die Königin zeichnen

Wenn Sie die Königin ausfindig gemacht haben, nehmen Sie sie mit der Greifklammer auf und überführen Sie sie in das Zeichenrohr. Sie muss fixiert sein und ihr Rücken muss unter dem Gitter gut zu sehen sein. Kennzeichnen Sie sie vorsichtig mit einem Farbtupfer.

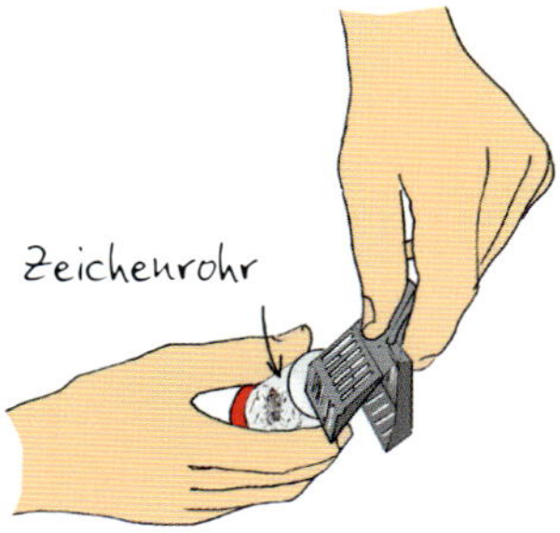

Königin zeichnen

Es stehen Ihnen fünf Farben zur Verfügung, mit deren Hilfe Sie das Geburtsjahr der Königin angeben können. Die Farben geben die Endziffer der Jahreszahl an.
0 oder 5: Blau
1 oder 6: Weiß
2 oder 7: Gelb
3 oder 8: Rot
4 oder 9: Grün
Markieren sie Ihre Königin auf dem Rücken, und zwar mit einer schnell trocknenden Farbe. Nummerierte Zeichenplättchen werden mit Sekundenkleber befestigt.

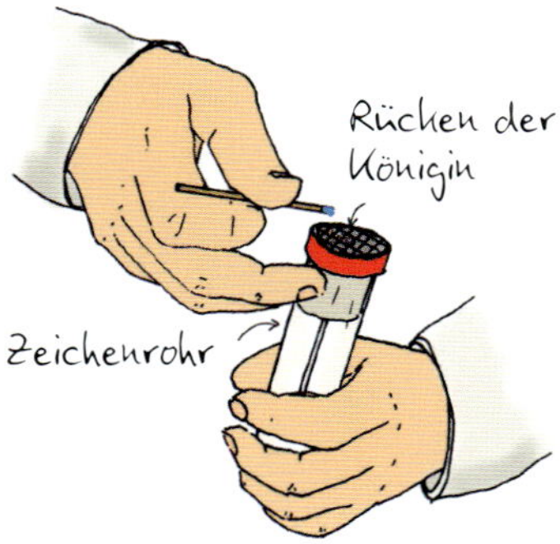

Schritt 4
Die gezeichnete Königin einsetzen

Lassen Sie die Farbe einige Sekunden lang antrocknen und setzen Sie dann die Königin auf einen Brutrahmen. Achten Sie darauf, dass die Bienen die Königin nicht angreifen[1], sonst versprühen Sie etwas Rauch. Danach stellen Sie sicher, dass sie angenommen wird.

1) Die Bienen umschließen die Königin, ersticken und stechen sie, bis sie stirbt. Das kann geschehen, wenn die Bienen einen Geruch wahrnehmen, den sie nicht kennen.

Wo soll ich die Beute aufstellen?

Die Imkerei ist eine Landwirtschaft ohne eigene Bodenfläche. Bienen benötigen ein immens großes Sammelgebiet, rund 3000 Hektar. Im Gegensatz dazu ist der Platz gering, den Sie für das Aufstellen einer Beute benötigen. Nur Sie selbst müssen hier genug Bewegungsfreiheit haben. Einige Quadratmeter im Garten, auf einer Wiese, einem Dach oder einer Terrasse genügen schon!

Gesetzliche Bestimmungen

Bevor Sie Ihre Beuten in der Stadt – vor allem in der Nähe stark frequentierter Plätze – aufstellen, sollten Sie sich mit der zuständigen Kommunalverwaltung in Verbindung setzen.

In Deutschland unterscheiden sich die rechtlichen Bestimmungen in den einzelnen Bundesländern. Auch sind die Zuständigkeiten unterschiedlich geregelt. So können Landwirtschaftsämter, Veterinärdienste (anzeigepflichtige Bienenseuchen), Baurechtsbehörden und untere Naturschutzbehörden betroffen sein. In einigen Bundesländern gehören diese zu den Landratsämtern. Will man Bienenvölker über Landesgrenzen transportieren, so gelten die Verordnungen des Bundes und bei nationalen Grenzen die der EU.

Viele Vorschriften beziehen sich allerdings auf die gewerbliche Imkerei und sind daher für den Hobbyimker nicht von Bedeutung. Wichtig sind jedoch vor allem die Bestimmungen zum Lebensmittelrecht, Seuchenrecht und Nachbarschaftsrecht. Bevor Sie jedoch mit Ihren Nachbarn vor Gericht ziehen, sollten Sie mit Ihnen Ihre Pläne besprechen und sich über die Ortsüblichkeit der Imkerei erkundigen.

Bienenseuchenverordnung

Die Bienenseuchenverordnung regelt die Bekämpfung von Bienenseuchen in Deutschland. In ihr finden Sie die Vorschriften, die beim Ausbruch verschiedener Bienenkrankheiten zu beachten sind. In diesem Zusammenhang besteht eine Meldepflicht für Imker, die gleich im ersten Paragrafen definiert ist.

§ 1 BSVO: Wer Bienen halten will, hat dies spätestens bei Beginn der Tätigkeit der zuständigen Behörde unter Angabe der Anzahl der Bienenvölker und ihres Standortes anzuzeigen. Die zuständige Behörde erfasst die angezeigten Bienenhaltungen unter Erteilung einer Registernummer und legt hierüber ein Register an. Die Registernummer ist zwölfstellig und wird aus der für die Gemeinde der Bienenhaltung vorgesehenen amtlichen Schlüsselnummer des vom Statistischen Bundesamt herausgegebenen Gemeindeschlüsselverzeichnisses sowie einer vierstelligen Betriebsnummer gebildet.

Verschiedene Bedingungen – je nach Standort

Stadt oder Land?

In der Stadt gilt es vor allem, das Verhältnis zu den Nachbarn in Betracht zu ziehen. Der gewählte Standort wird hier nicht von der umgebenden Pflanzenwelt bestimmt. Vorrang haben Sicherheit und Akzeptanz durch die Nachbarn, die sich mit den neuen Mitbewohnern anfreunden sollen. Je weniger die Nachbarn von Ihren Beuten zu sehen bekommen, umso mehr Ruhe haben Sie! Ein Hausdach, eine große Terrasse oder ein Balkon eignen sich hervorragend. Die Gemeinden stellen manchmal auch Flächen zur Verfügung, wenn sich der Imker verpflichtet, für die Pflege zu sorgen.

Im Garten sollten Sie zuerst mit Ihren Nachbarn klären, wieviel Abstand Sie zu deren Grundstück einhalten werden. Die Beuten sollten auch mit der Rückseite zum Aufenthaltsort Ihrer Familie oder zum Nachbargrundstück zeigen und weit entfernt von Gemüsebeeten oder dem Swimmingpool sein. Auch sollten Sie sich für sanftmütige Bienen entscheiden. Beobachten Sie sie, denn Völker, die in einem Jahr friedliebend waren, können im nächsten angriffslustig werden. Die Ursache dafür ist oft die genetische Vielfalt der Drohnen, die die Königin begattet haben, oder aber ein Auswechseln der Königin. Friedliebende Bienen sind eine wichtige Voraussetzung, wenn Ihre Familie die Insekten im Garten akzeptieren soll.

Auf dem Land ist es relativ einfach, einen Platz zum Aufstellen von Beuten zu finden. Man muss vor allem für gute Beziehungen zu seinen Nachbarn sorgen. Die Wahl des Standorts richtet sich nach dem Blütenangebot in der Umgebung und der Sonneneinstrahlung, die möglichst hoch sein sollte.

Der Beuten des Autors. Sie sind durch Mauern und Büsche geschützt.

Diese Beuten befinden sich auf freiem Feld.

Soll ich für meine Beuten ein Grundstück pachten?

Wenn Sie kein eigenes Grundstück besitzen und Ihr Nachbar Ihnen keinen Platz für Ihre Beuten überlässt, dann können Sie auch die Nutzung eines Grundstücks für die Aufstellung der Beuten pachten. Die Höhe der Pacht müssen Sie aushandeln – vielleicht ist ja sogar die Bezahlung mit Naturalien möglich.

Die Pacht hängt auch davon ab, ob das Grundstück leicht zugänglich und ob es mit dem Auto oder Anhänger erreichbar ist. Sie sollten auch klären, wer dafür verantwortlich ist, das Gestrüpp zu entfernen und den Zugang freizuhalten. Da der Rücken eines Imkers ohnehin genug zu tragen hat, sollten Sie terrassenförmig angelegte Grundstücke, Lichtungen, die nicht mit dem Auto zu erreichen sind, Wege mit Schlaglöchern und Treppen meiden – kurz, alle Orte, an die Sie nicht leicht mit einer Schubkarre gelangen können!

In Ihrer Vereinbarung mit dem Eigentümer sollten Sie schriftlich folgende Punkte festhalten: die Anzahl der Beuten, den genauen Standort, die Zugangsbedingungen, die Haftpflichtversicherung sowie die Bedingungen für eine Kündigung. Oft genügt ein formloses Schreiben, in dem Standort und Konditionen für das Aufstellen der Beuten festgelegt werden. Soll eine erhebliche Anzahl von Beuten aufgestellt werden, dann ist ein ordentlicher Pachtvertrag erforderlich.

Honig zu verschenken

Honig großzügig zu verschenken, ist immer ein guter Weg, um sich mit den Nachbarn gutzustellen. Verschenken Sie am besten jedes Jahr einen Honigtopf oder laden Sie Ihre Nachbarn sogar dazu ein, den Honig gemeinsam mit Ihnen zu ernten – auf diese Weise werden Spannungen schon von Anfang an vermieden!

Wasser und Nahrung für die Bienen

Damit Ihre Bienen gedeihen, müssen Sie Ihnen eine geeignete Umgebung mit genügend Blütenpflanzen bieten. Die Umwelt ist entscheidend für die Gesundheit und Produktivität der Bienen sowie für den Geschmack des Honigs. Die besten Orte bieten eine große Vielfalt an Wildblumen, Pflanzen, Sträuchern, Büschen und Bäumen. Die Hauptblütezeit erstreckt sich von März bis Juli und dann wieder vom Ende des Sommers bis zum Herbst. Diese späte Blütezeit ist wichtig: Sie hilft den Bienen, sich auf die kalte Jahreszeit vorzubereiten.

Nicht jede Blüte ist so viel wert wie eine andere

Die Blüte der industriell bearbeiteten Monokulturen ist häufig eine Nährstoffwüste für Bienen. Raps, Sonnenblumen und Obstbäume werden sehr oft mit Insektiziden behandelt. Ihre Blüte fällt zwar üppig aus, dauert jedoch nur ein bis zwei Wochen lang an. Danach ist alles vorbei und die Bienen hungern.

Sie sollten vielmehr Ihr Augenmerk auf Brachen, Abhänge, verlassene Grundstücke, Hecken und naturbelassene Wiesen richten. Hier finden Sie Bäume und Pflanzen mit viel Nektar, die in der warmen Jahreszeit nacheinander blühen.

Wildblumen bieten den Bienen mehr Nektar als die meisten Zierpflanzen. Durch ihre Vielfalt sorgen die ständig blühenden Anpflanzungen in der Stadt jedoch dafür, dass ununterbrochen eine unerschöpfliche Nahrungsquelle zur Verfügung steht.

Wasser

Wasser ist für die Bienen ebenfalls wichtig. Sie benötigen es, um Futterbrei zu erzeugen und die Beute durch Verdunstung abzukühlen. Wenn es in der Nähe kein Wasser gibt, dann müssen Sie eine Wassertränke zur Verfügung stellen. Während der kalten Jahreszeit reicht das im Honig enthaltene Wasser aus.

Sie können Ihre Beuten ruhig in einem benachbarten Obstgarten aufstellen. Obstbäume sind die wichtigsten Frühblüher und die Bienen tragen außerdem zu ihrer Bestäubung bei.

Nektar und Pollen – beide sind gleich wichtig

Blüten liefern den Bienen über den Nektar Zucker, den ihre Muskeln zur Wärmeerzeugung benötigen. Pollen liefert die pflanzlichen Eiweiße, die ihr Organismus benötigt und die für die Herstellung von Futterbreien für die Larven und die Produktion von Wachs erforderlich sind.

Wasserbecken mit Bepflanzung.

Eine Schüssel als Trinkgefäß.

Das Aufstellen der Beute

Gute klimatische Bedingungen

Die Beute sollte möglichst lang von der Sonnenstrahlung profitieren. Mit Ausnahme von extrem heißen Regionen und Standorten mit starker Rückstrahlung der Umgebung kann eine Beute in der prallen Sonne stehen. Früher empfahl man, das Flugloch der Beute nach Süd-Südost auszurichten, damit die Bienen am Morgen von den ersten Sonnenstrahlen profitieren können. Heute wird diese Empfehlung jedoch kaum noch gegeben.

Der Standplatz der Beute muss schön trocken sein, da Feuchtigkeit für Bienen schlimmer als Kälte ist. Besonders während der kalten Jahreszeit begünstigen feuchte Standorte die Entstehung von Pilzkrankheiten (siehe Seite 110). Die Bienen müssen an feuchten Orten mehr Wärme erzeugen und werden dadurch geschwächt.

Da viel Wind die Umgebung austrocknet, sollte Ihre Beute an einem Ort stehen, der vor starkem Wind geschützt ist. Die Erfahrung zeigt jedoch, dass dieser Faktor die Bienen weniger stark beeinträchtigt als Feuchtigkeit.

Niemals Vorderseite an Vorderseite

Ordnen Sie die Beuten so an, dass die Bienen sie leicht wiederfinden können, beispielsweise wenn eine Königin von ihrem Hochzeitsflug kommt oder die Sammelbienen zurückkehren. Möglich wäre Rückseite an Rückseite, in einem Kreisbogen oder auf dem Gelände verteilt. Normalerweise stehen die Beuten in einer Reihe nebeneinander. Unterschiedliche Farben oder Motive auf der Vorderfront erleichtern den Bienen das Wiederfinden.

Wenn sich Bienen irren

Wenn sich Bienen irren und in die falsche Beute zurückkehren, können dabei Krankheiten von einer Beute zur anderen übertragen werden. Jede Sammelbiene, die Nektar mitbringt, wird auch in einer Beute aufgenommen, die nicht die eigene ist.

Um den Bienen dabei zu helfen, ihre Beute wiederzufinden, bemalen einige Imker die Beuten – wie hier abgebildet – mit geometrischen Motiven, die von den Sammlerinnen erkannt werden.

Keine Risiken eingehen

Mithilfe einiger Vorsichtsmaßnahmen kann man die Risiken im Umgang mit Bienen erheblich verringern.

- Stellen Sie Ihre Beuten in ausreichendem Abstand zu belebten Plätzen und mit der Rückseite in Richtung der Passanten auf.
- Öffnen Sie die Beuten nicht am Wochenende, wenn Nachbarn im Garten sind. Am besten tun Sie das gegen Ende des Tages, damit sich die Bienen – sollte es zu einem Zwischenfall kommen – mit Einbruch der Dunkelheit beruhigen können.
- Arbeiten Sie langsam, ohne Lärm und Erschütterungen.
- Arbeiten Sie bei Hochdruckwetter und wenn es warm ist. Bei Tiefdruck und Gewitterneigung werden die Bienen angriffslustig.
- Geben Sie in die Beute niemals Reste überzähliger Waben, Propolis-Stücke oder alte Rähmchen. Sammeln Sie diese Dinge systematisch ein, da sie auf die Bienen anziehend wirken und Krankheiten übertragen können. Außerdem führen sie zu Plünderungen und machen die Bienen aggressiv.

Wenn Sie mit bloßen Händen arbeiten, dann lernen Sie die Lebensweise und das Verhalten der Bienen schneller kennen.

Räuchern Sie immer in Maßen, und zwar mit einem Smoker, der weißen, kalten Rauch ausstößt. Das macht die Bienen weniger aggressiv.

Wenn Sie mit sanftmütigen Bienen arbeiten, ist Ihr Risiko geringer.

Die Pflichten eines Imkers

Versicherung abschließen

Mit Ausnahme des in einigen Bundesländern verlangten Beitrags zur Tierseuchenkasse sind Sie nicht verpflichtet, eine Versicherung für Ihre Imkerei abzuschließen. Eine Haftpflichtversicherung könnte jedoch sinnvoll sein, wenn jemand durch Ihre Bienen zu Schaden kommt. Überprüfen Sie aber, ob Ihre Hobby-Imkerei nicht schon durch eine bestehende Privathaftpflichtversicherung abgedeckt ist oder ob die Versicherung entsprechend erweitert werden kann. Außerdem kann eine Versicherung in der Mitgliedschaft eines Vereins eingeschlossen sein.

Sie können auch mögliche Schäden an ihren Bienenvölkern versichern. Auch hier ist zu prüfen, ob diese Schäden über bereits bestehende Versicherungen abgedeckt werden können (beispielsweise Immobilien, Hausrat).

Tätigkeit als Imker anmelden

Wie bereits im Kapitel „Gesetzliche Bestimmungen“, S. 26, erwähnt worden ist, müssen Sie Ihre Tätigkeit als Imker aus Gründen des Seuchenschutzes anmelden und dabei den Standort und die Zahl der Bienenvölker angeben. Sie erhalten nach der Anmeldung eine Betriebsnummer für Ihre Imkerei.

Und das Finanzamt?

Je nach Bundesland interessiert sich das Finanzamt für Sie überhaupt nicht, solange Sie weniger als etwa 30 Völker besitzen. Sie gelten dann als reiner Hobbyimker ohne Gewinnerzielungsabsicht. Natürlich können Sie dann auch keine Ausgaben, die im Zusammenhang mit ihrer Imkerei anfallen, von der Steuer absetzen.

Gesundheitszeugnis

Ein Gesundheitszeugnis für Ihre Bienen benötigen Sie, wenn Sie mit Ihren Bienenvölkern wandern oder sie verkaufen. Es wird durch einen Amtstierarzt oder einen beauftragten Sachverständigen nach entsprechender Untersuchung oder Probenentnahme ausgestellt. Die später gebildeten Ableger sind darin eingeschlossen. In manchen Bundesländern muss eine Kopie des Gesundheitszeugnisses an frei aufgestellten Beuten befestigt werden. Außerdem müssen Sie hier Ihren Namen, Ihre Adresse und die Betriebsnummer angeben.

Schwarmrecht

Als Eigentümer eines Schwarms dürfen Sie fremde Grundstücke betreten und der Grundstückseigentümer muss Ihnen Zutritt gewähren, um den Schwarm einzufangen. Allerdings müssen Sie dem Grundstückseigentümer dann auch eventuell entstandene Schäden ersetzen.

Unabhängig davon wird der Imker in der Regel versuchen, seine Bienenvölker schon im Voraus am Schwärmen zu hindern (siehe auch das Kapitel „Beugen Sie dem Schwärmen vor“, S. 123)

Welche Beute soll ich anschaffen?

Beuten sind die Wohnungen der Bienen und es gibt sie in zahlreichen Ausführungen zu kaufen. Dieses breite Angebot ist durch den Erfindungsreichtum der Imker im Lauf von über 150 Jahren entstanden. Die Entscheidung für ein bestimmtes Beutenmodell ist eine sich für eine längere Zeit auswirkende Investition. Sie beeinflusst die Arbeit eines Imkers sehr.

Welches Beutenmodell ist am besten geeignet?

Es gibt sehr viele verschiedene Beutenmodelle. Jedes erfordert eine etwas andere Arbeitsweise. Zumindest als Anfänger sollten Sie sich eher für die gängigen Modelle entscheiden, die auch von den übrigen Imkern in Ihrer Region verwendet werden. Das vereinfacht den Austausch von Informationen, Ratschlägen und Schwärmen sowie die Beschaffung von nötigem Ersatzmaterial.

Verbreitete Modelle

Bei uns sind Zander-, Deutsch-Normal-, Kuntzsch-, Langstroth- und Dadant-Beuten weitverbreitet. Die Dadant-Beute wurde in diesem Buch auch als Modell verwendet. Die Beute wird mit Rähmchen bestückt, die hinzugefügt oder herausgenommen werden können – immer abhängig von der Größe des Bienenvolks und seiner Aktivität, aber auch von der Außentemperatur und den zu einer bestimmten Zeit verfügbaren Nahrungsquellen. Die Beute ist leicht zu beschaffen und wegen der großen Verkaufszahlen auch nicht sehr kostspielig.

Die Langstroth-Beute ist in den sehr ertragreichen Regionen am weitesten verbreitet, da sie pro Element bis zu 30 kg Honig fassen kann. Bei der Dadant-Beute sind es dagegen nur 18 kg.

Eine gute Alternative stellt die etwas weniger schwere, teilbare Voirnot-Beute dar, die allerdings vor allem in Frankreich verbreitet ist. Besonders klein ist die Warré-Beute.

Lebensraum

Ein Bienenvolk benötigt einen Lebensraum von mindestens 80 l. Das entspricht einer Dadant-Zarge mit Honigraum, zwei Langstroth-, drei Voirnot- oder aber vier Warré-Zargen. Für besonders fruchtbare Arten sollte man 20 l mehr einplanen (also insgesamt 100 l).

Beuten setzen sich aus Zargen zusammen, die aufeinandergestapelt werden können. Solche Beuten sind einfach in der Handhabung, da man die Elemente nach Belieben hinzufügen oder entfernen kann. Die Überwachung des Volks kann sich jedoch wegen der vielen Teile als recht schwierig erweisen (wie hier bei dieser aus vier Zargen bestehenden Warré-Beute).

Holz oder Kunststoff?

Die Rähmchen werden zwar immer aus Holz gefertigt, der Rest kann jedoch auch aus Kunststoff bestehen. Im Folgenden finden Sie einige Kriterien, die Ihnen bei der Auswahl helfen sollen.

Holzbeuten

Holzbeuten werden meist aus See-Kiefer, Douglasie oder Fichte hergestellt und bieten eine gute Isolation, sind aber relativ schwer. Das etwas leichtere, aber auch zerbrechlichere Holz der Sicheltanne (*Cryptomeria*) erweist sich als sehr widerstandskräftig gegen Pilzbefall. Bei guter Pflege halten Holzbeuten mehrere Jahrzehnte lang.

Pflege: Die Desinfektion des Innenraums einer Beute erfolgt ganz leicht und schnell mit der Flamme einer Lötlampe. Schützen Sie das Holz von außen mit Leinöl, Paraffin oder einer geeigneten umweltverträglichen Farbe.

Desinfektion einer Holzbeute mithilfe einer Lötlampe.

Kunststoffbeuten

Die vielen möglichen Formen der Kunststoffbeuten ermöglichen, unterschiedliches Zubehör zu integrieren, sodass diese Beuten sehr praktisch und beliebt sind. Kunststoffbeuten sind zwar ausgesprochen leicht, dafür aber weniger robust als Holzbeuten.

Pflege: Die Desinfektion der Kunststoffbeuten erfordert mehr Zeit als die der Holzbeuten, da sie mit einer Desinfektionslösung gespült und abgebürstet werden müssen. Modelle aus Kunststoff benötigen keinen speziellen Schutz – mit Ausnahme der Polystyrol-Modelle, die empfindlich auf UV-Licht reagieren und daher mit Acrylfarben angestrichen werden müssen.

Bei dieser Kunststoffbeute sind die Rähmchen wie bei allen Beuten aus Holz gefertigt worden.

Alles bio?

- Die Plastikelemente dürfen keinen Kontakt zu den Bienen haben.
- Der Innenraum von Holzbeuten darf nicht mit Paraffin behandelt werden. Eine Mischung, die zu zwei Dritteln aus Leinöl und zu einem Drittel aus Terpentin besteht, dringt gut ins Holz ein und lässt sich auch bei kaltem, aber trockenem Wetter verarbeiten.

Der Aufbau einer Beute

Außerdem gibt es:
***Varroa*-Boden.** Es handelt sich um einen Boden, auf dessen Gitter sich tote *Varroa*-Milben sammeln. So ist eine Kontrolle des Befalls möglich.
Futtertrog. Er besteht aus Holz oder Plastik, befindet sich über den Rähmchen und enthält – je nach Jahreszeit – Sirup oder Futterteig (siehe Seite 99). Um ihn gegen fremde Bienen abzudichten, wird er mit dem Innendeckel aus Holz bedeckt.

Die Beute besteht aus unterschiedlichen Elementen, die für bestimmte Funktionen vorgesehen sind. Im Folgenden haben wir als Beispiel eine Dadant-Beute in ihre Einzelteile zerlegt.

Deckel. Der Deckel kann entweder als Flachdach (sehr praktisch) oder als Satteldach (ästhetisch) ausgeführt sein. Es kann aus Blech, aus mit Blech überzogenem Holz oder Kunststoff bestehen. Es dient zum Schutz der Beute gegen Witterungseinflüsse und Raubtiere.

Innendeckel. Das ist eine 8 mm dicke Platte mit den Maßen der Zarge, die den Abschluss über den Rähmchen bildet. Sie verhindert, dass das Dach am Korpus oder der Zarge hängen bleibt. Sie verhindert außerdem, dass fremde Bienen in das Bienenvolk eindringen können, um die Honigreserven oder den vom Imker bereitgestellten Sirup zu plündern.

Honigraum. Er sitzt auf dem Brutraum und enthält Rähmchen. In ihm wird der überschüssige Honig gespeichert, den das Volk nicht als Nahrung oder als Reserve für schlechte Zeiten benötigt. Diesen Überschuss erntet der Imker. Meist ab Mitte oder Ende April setzt er eine oder mehrere Zargen auf, wenn die Bienen den Honig in größeren Mengen produzieren.

Königinnengitter. Es wird zwischen Honig- und Brutraum geschoben. Es verhindert, dass die Königin ihre Eier im Honigraum ablegt, da sie nicht durch das Gitter passt.

Brutraum. Hier ist der Ort, wo die Bienen leben und die Königin ihre Eier legt. Er enthält Rähmchen mit Brut und Honig. Je nach Jahreszeit variiert die Anzahl der erforderlichen Rähmchen (siehe Seite 42).

Bodenplatte. Sie bildet den Unterbau der Beute. Der Brutraum liegt auf drei 15 mm überstehenden Seiten auf, während die vierte komplett fehlt. Die Bodenplatte bildet so den Eingang in die Beute; man bezeichnet ihn als Flugloch. Die Platte ist glatt oder vergittert (komplett oder teilweise), damit die Feuchtigkeit gut entweichen kann. Durch das Gitter passen keine Bienen, doch Abfälle fallen hindurch.

Schieber. Der Schieber versperrt das Flugloch ganz oder zum Teil, sodass keine Räuber (zum Beispiel Mäuse) eindringen können. Er ist außerdem nützlich, wenn man die Beute transportieren möchte, ohne dass die Bienen entkommen können.

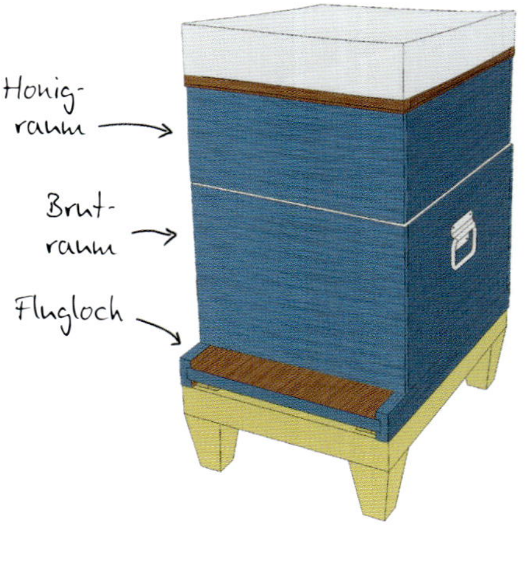

Beutenständer. Er schützt die Beute vor der Bodenfeuchtigkeit und dient als Erhöhung, damit sich der Imker nicht bücken muss. Ständer aus Kunststoff sind leicht und einfach zu installieren, doch eignen sich auch andere Arten von Ständern.

Griffe. Sie befinden sich am Brutraum und ermöglichen es, die Beute ganz problemlos anzuheben.

Die einzelnen Elemente einer Dadant-Beute

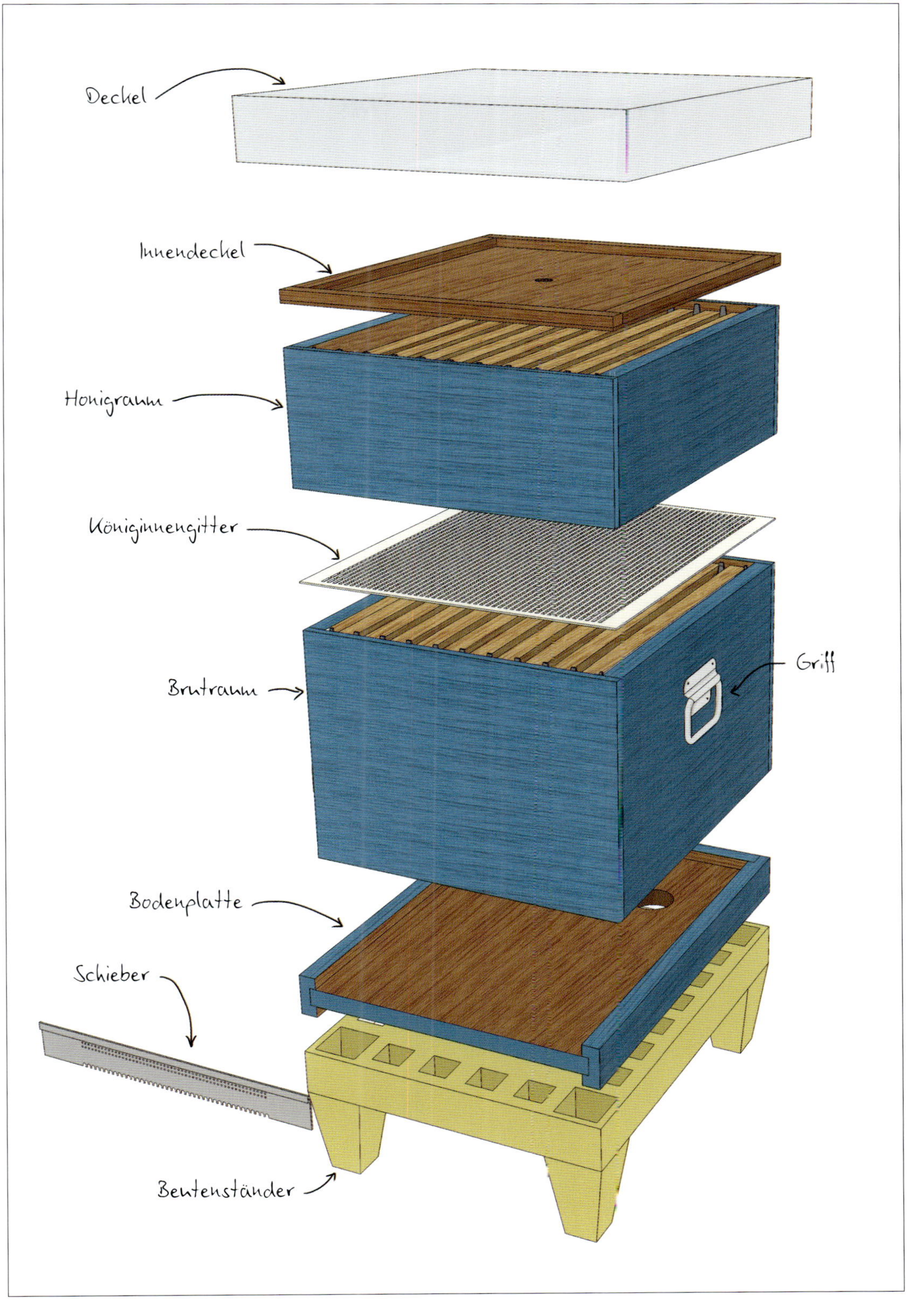

Wozu dienen die Rähmchen?

Gut zu wissen
Als Randrähmchen bezeichnet man die Rähmchen, die sich an den beiden Enden des Brutraums befinden, und zwar unabhängig von ihrer Funktion (leeres, Pollen-, Honig- oder Bruträhmchen). Es handelt sich um die Nummern 1 und 10 in einer Beute mit zehn Rähmchen.

Die Rähmchen haben die moderne Imkerei erst ermöglicht. Sie unterstützen die Bienen beim Bau der Waben, die sie auch in der Natur auf ähnliche Weise (nur viel unordentlicher) anlegen würden. Da die Rähmchen beweglich sind, kann man sie aus der Beute herausnehmen, ohne das Leben des Bienenvolks in Gefahr zu bringen. Man kann ihre Menge der Jahreszeit entsprechend anpassen. Anfangs sind zwar alle Rähmchen gleich, doch bekommen sie im Lauf der Zeit unterschiedliche Funktionen, etwa als Brut- oder Honigrähmchen.

Aufbau eines Rähmchens

Ein Rähmchen setzt sich folgendermaßen zusammen:

- aus einem Oberträger, der seitlich zwei Überstände (Ohren) aufweist, mit denen das Rähmchen in die Zarge der Beute eingehängt werden kann;
- aus zwei vertikalen Leisten
- und aus einem Unterträger.

Das Rähmchen wird mit Draht bespannt, und zwar entweder horizontal oder vertikal. Auf dieser Verdrahtung befestigt der Imker eine Wachsplatte (Mittelwand), in die Wabenzellen eingeprägt sind. Darauf bauen die Bienen ihre Waben und führen die entsprechenden Arbeiten durch.

Aufbau eines leeren Rähmchens

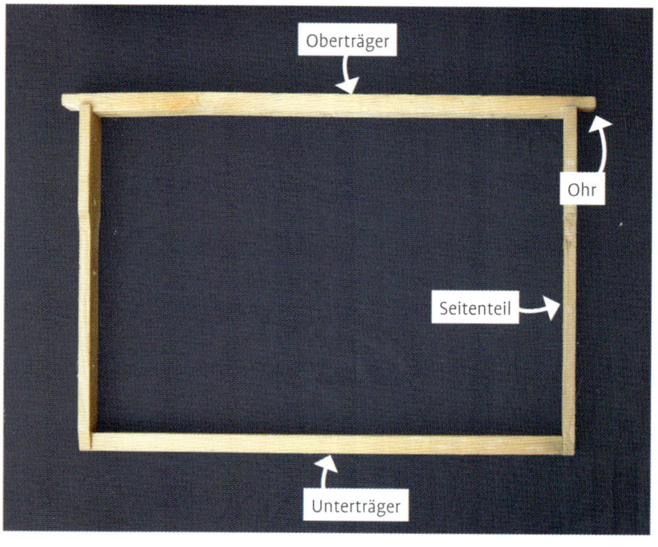

Verschiedene Rähmchentypen

In der Beute finden sich mehrere unterschiedliche Rähmchentypen:

- **Leere Rähmchen,** die von den Bienen noch nicht beachtet worden sind, befinden sich häufig ganz außen in der Zarge.
- **Bruträhmchen** befinden sich in der Mitte der Beute, damit die Ammenbienen die Brut warm halten und die Larven füttern können. Der Platz, den die Brut beansprucht, variiert im Lauf der Monate ganz erheblich. Während sie im Januar nur eine Handbreit Platz auf einem einzigen Rähmchen einnimmt, benötigt sie Ende April/Mai bereits neun bis zehn komplette Rähmchen.
- **Pollenrähmchen** werden anfangs um die Brut herum platziert, doch sobald die Brut mehr Platz beansprucht, wird der Pollen auf die nächsten Rähmchen gebracht, weil die Ammenbienen sich in der Beute kaum von der Stelle bewegen. Oft findet man gemischte Rähmchen mit Pollen und Honig.
- **Honigrähmchen** stellen die Nahrungsvorräte für Zeiten des Nahrungsmangels dar, besonders aber für die kalte Jahreszeit.
- **Baurähmchen** werden von den Bienen mit Waben ausgebaut.

Gut zu wissen
Rähmchen platziert man
- entweder im Brutraum
- oder im Honigraum, wo die Bienen ihren überschüssigen Honig lagern.

So bereiten Sie ein Rähmchen vor

1. Versehen Sie das Rähmchen mit Draht. Der Draht dient als Stütze der Mittelwand.

2. Auf die Drahtbespannung löten Sie eine Wachsplatte (Mittelwand) auf, in die Zellen eingeprägt sind. Sie regt die Bienen dazu an, ihre Waben entsprechend zu bauen. Noch ist dieses Rähmchen ein leeres Rähmchen mit Mittelwand.

3. Eine Wabe wurde von den Bienen auf der Mittelwand erbaut. Hier spricht man von einem bebauten Rähmchen.

Verschiedene Innendeckel

Einfacher Innendeckel

Futtertrog (Holz)

Futtertrog (Plastik)

Die Rähmchen im Lauf des Jahres

Dieser Kalender gilt für das Tiefland in den gemäßigten Zonen und muss je nach Höhe und Klima angepasst werden.

Februar

Das Bienenvolk beendet die Überwinterungsphase. Die Königin beginnt wieder Eier zu legen. Die Brut nimmt nun zwei Rähmchen in Anspruch. Vor den isolierenden Rähmchen ganz außen befinden sich noch leere Rähmchen.

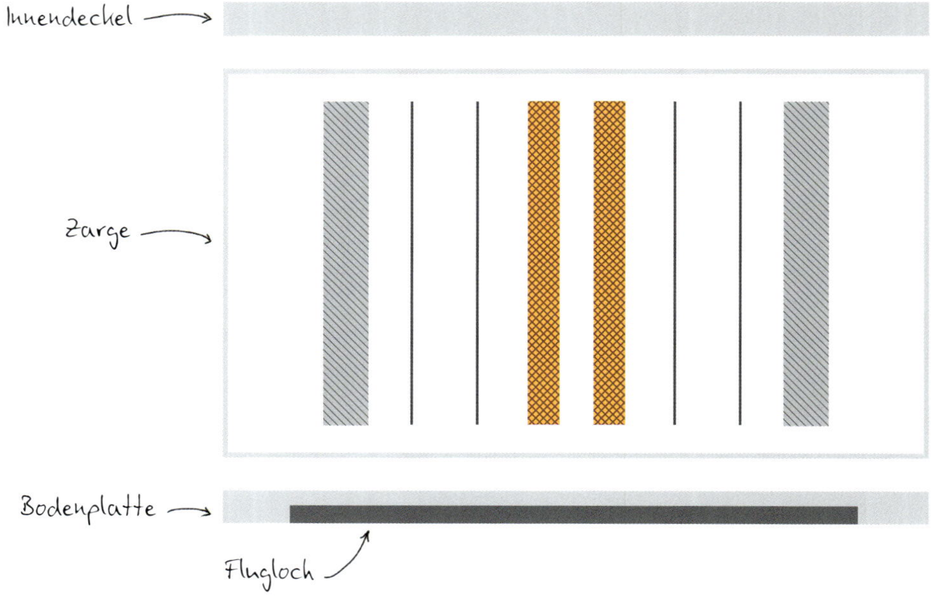

Bildlegende

- Leeres Rähmchen
- Baurähmchen
- Honig- und Pollenrähmchen
- Bruträhmchen
- Rähmchen mit Honig, Pollen, Brut
- Isolierendes Rähmchen

Rähmchen zur Isolation

Zu bestimmten Jahreszeiten kann es nützlich sein, die äußeren Rähmchen zu isolieren. Dazu beklebt man sie mit einer Luftpolster- oder Aluminiumfolie. Diese Rähmchen ermöglichen es, nach der Ernte die Größe der Beute zu reduzieren, bevor der Winter einbricht. Sie reflektieren die von der Wintertraube ausgestrahlte Wärme und verringern auf diese Weise den nötigen Energieaufwand.

März

Die Brut beginnt sich zu entwickeln und auch die benachbarten Rähmchen werden von ihr in Anspruch genommen. Nun befindet sich Brut auf vier Rähmchen. Die leeren Rähmchen vor den isolierenden Rähmchen werden von den Bienen bereits ausgebaut, damit ihnen genug Platz für den weiteren Ausbau zur Verfügung steht.

Anfang April

An den beiden äußeren Enden fügt man jeweils ein Rähmchen hinzu, das schnell ausgebaut wird. Die isolierenden Rähmchen wurden herausgenommen, denn sie werden nicht mehr benötigt.

Mitte April

Zum äußeren Rand hin setzt man zwei gemischte Rähmchen und zwei Baurähmchen ein. Schon bald wird die Königin auch dort mit der Eiablage beginnen.

Zweite Aprilhälfte

Auf den Brutraum der Beute wird eine weitere Zarge aufgesetzt – der Honigraum. Die Brut belegt acht Rähmchen. Die Honig- und Pollenrähmchen bilden die beiden äußeren Rähmchen.

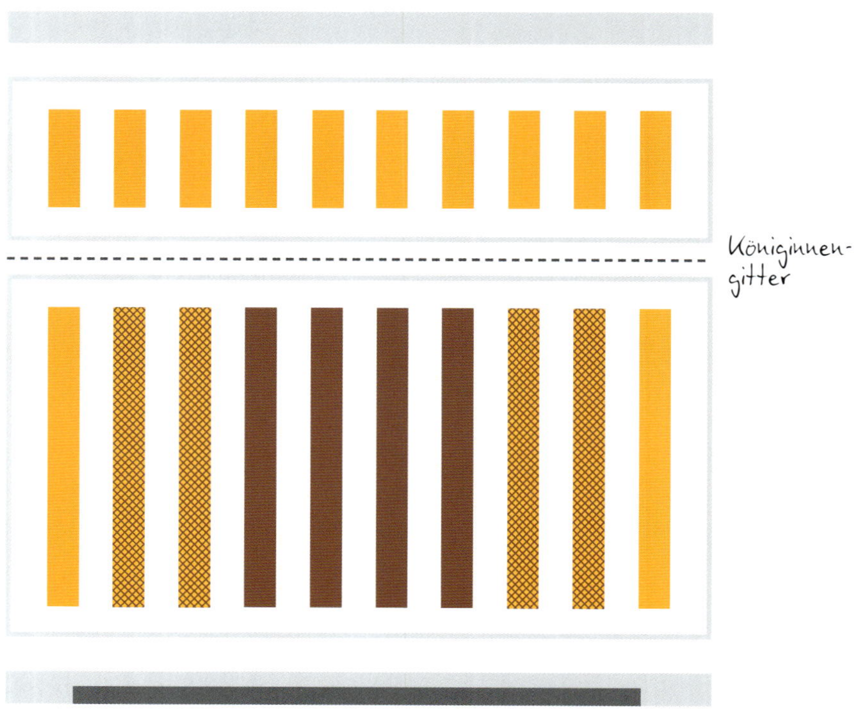

Bildlegende

- Leeres Rähmchen
- Baurähmchen
- Honig- und Pollenrähmchen
- Bruträhmchen
- Rähmchen mit Honig, Pollen, Brut
- Isolierendes Rähmchen

Ende April

Die Brut hat sich nun auch auf die beiden Randrähmchen (Honig-/Pollenrähmchen) ausgedehnt. Aus Platzmangel bebauen die Bienen bereits die Zarge mit Waben. Bei starken Trachten bietet man einen zweiten Brutraum an und setzt das Königinnengitter über ihm ein.

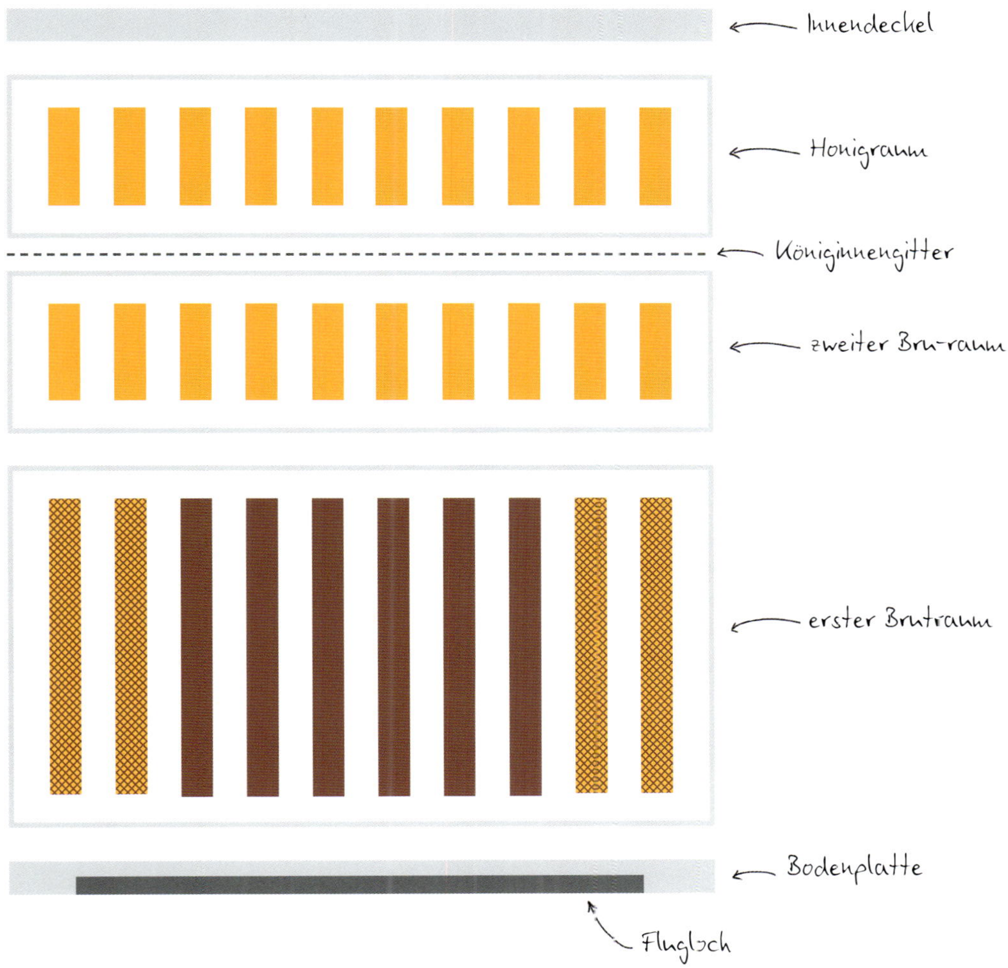

Die Rähmchen der aufgesetzten Zargen (oben) sind halb so hoch wie die des ursprünglichen Brutraums (unten).

Juli

Der Honigraum wurde entfernt, um den von den Bienen produzierten Honig zu ernten. Die Beute sieht wieder aus wie am Anfang, das heißt, sie besteht nur aus dem Brutraum.

August/September

Die Bienen bereiten sich auf den Winter vor. Die Anzahl der Rähmchen wird verringert, sodass sie sich auf maximal sechs Rähmchen beschränken müssen. Die Brut nimmt ein Viertel davon ein, der Rest ist für den Pollen (für die kommende Brut im Februar) und den Honig (für die Bienen im Winter) bestimmt.

Bildlegende

Oktober bis Dezember

Das Bienenvolk macht sich ans Überwintern. Die Brut nimmt nur noch eine kleine Fläche von ein oder zwei Rähmchen ein. Sie ist umgeben von Honig- und Pollenvorräten. Die isolierenden Rähmchen sind nun wieder wichtig.

Ende Dezember bis Anfang Januar

In der kältesten Zeit des Winters bilden die Bienen eine sogenannte Wintertraube (siehe Seite 20) auf einem oder zwei Honigrähmchen, von deren Honig sie sich ernähren. Brut gibt es keine mehr. Die übrigen Rähmchen sind leer.

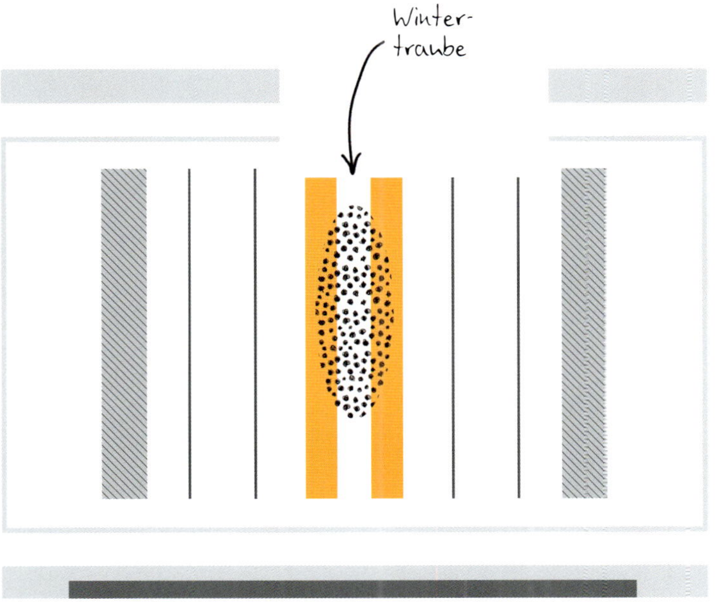

Der Werkzeugkasten eines Imkers

Wichtige Werkzeuge

1. Stockmeißel
2. Brennstoff für den Smoker
3. Zusetzkäfig
4. Cutter-Messer und Strauchschere
5. Box mit Nägeln, Schrauben, Haken
6. Karton zum Anzünden des Smokers
7. Ammoniumnitrat (Betäubungsmittel)
8. Eukalyptusöl
9. Handschuhe
10. Rähmchen mit Mittelwand und mit Isolationsmaterial
11. Schieber
12. Marshmallows (Zucker)
13. Zange, Schraubendreher
14. abgeflachtes Kupferröhrchen von 12 mm Durchmesser zum Abschrauben der Schrauben an den Schiebern
15. Chlortabletten zur Herstellung einer desinfizierenden Lösung
16. farbige Reißzwecken
17. Greifklammer für die Königin
18. Feuerzeug, Streichhölzer
19. Rähmchenhalter
20. Handbesen

Smoker

Was wäre ein Imker ohne seinen Smoker! Dieses praktische Arbeitsgerät ist unerlässlich, wenn Sie Ihre Beuten gefahrlos öffnen und die Bienen auf Abstand halten möchten. Durch den Rauch legt sich ihre Aggressivität.

Ein guter Smoker produziert kalten Rauch, der die Bienen nicht schädigt, und ist von einem Schutzgitter umgeben. Im Handel sind mehrere Modelle erhältlich. Wir empfehlen den Ami-Smoker, der unserer Meinung nach am einfachsten zu handhaben ist. Doch ganz gleich, für welches Modell Sie sich entscheiden – um den Smoker leicht entzünden zu können, sollten die Öffnung unten und die Tülle für den Rauchauslass einen Durchmesser von 20 mm aufweisen.

Brennmaterial

Das einfachste Brennmaterial für den Smoker ist Wellpappe. Gleichermaßen eignen sich Tücher ohne Synthetikfasern, Holzkohle, grobe Holzspäne, Luzerne-, Stroh- oder Lavendel-Pellets, Holzgranulat, Nadelbaumnadeln und -zapfen, trockenes Heu und verschiedene Materialien aus dem Imkerfachhandel.

Unser Tipp

Eine Mischung aus Karton, Holzgranulat, Holzkohlestückchen und Lavendel- bzw. Luzerne-Pellets ist sehr gut geeignet, um den Smoker schnell zu entzünden, und sorgt für üppige Rauchentwicklung.

Den Smoker entzünden

Sobald der Karton entzündet ist, fügen Sie einen Tannenzapfen oder die Reste des vorigen Zündvorgangs und danach Granulate hinzu. Sobald sich der Geruch ändert, den Sie wahrnehmen, haben sich die Granulate entzündet. Der Smoker brennt, sobald sich reichlich Rauch bildet und die Glut ausreicht, um die Verbrennung aufrechtzuerhalten (siehe die schrittweise Vorgehensweise auf Seite 54).

Den Smoker löschen

An Orten, an denen Brandgefahr droht, löscht man den Smoker gründlich mit Wasser. Ansonsten legt man ihn auf die Seite oder man verstopft die Tülle mit einem Pfropfen oder einem Grasbüschel.

Pflege

Der Smoker verrußt nach und nach durch den Teer, der bei der langsamen Verbrennung entsteht. Sie sollten ihn daher von Zeit zu Zeit mit der Flamme einer Lötlampe reinigen – besonders die Tülle für den Rauchauslass.

Dieses Smoker-Modell ist beliebt.

Verschiedene Brennmaterialien.

Verschiedene Stockmeißel-Modelle.

Stockmeißel

Der Stockmeißel gehört zur Grundausstattung. Dieser robuste Hebel muss dünn genug sein, damit er überall hineingeschoben werden kann. Er dient aber auch als Schaber, da die Bienen überall Wachs- und Propolisverbindungen anlegen, die der Imker entfernen muss.

Obwohl ein guter, großer Schraubendreher auch genügt, sollten Sie sich jedoch verschiedene Stockmeißel-Modelle zulegen, etwa einen breiten Stockmeißel, einen Ami-Stockmeißel und einen Stockmeißel, der mit einem Wabenheber kombiniert ist.

Unser Tipp

Ideal ist ein Stockmeißel mit einem spitzen Ende zum Heben der Rähmchen und einem abgeflachten zum Abkratzen.

Greifklammer für die Königin.

Rähmchenhalter

Er wird an der Beute befestigt und dient als Halterung für ein erstes oder zweites Rähmchen, sodass man Platz hat, um danach alle anderen Rähmchen ganz herauszunehmen oder zu versetzen.

Abkehrbesen

Der Abkehrbesen wird eingesetzt, um die Bienen von den Rähmchen abzukehren, die man entnimmt. Vorsicht ist geboten: Synthetische Besenhaare laden sich gern elektrostatisch auf, was die Bienen reizen kann.

Greifklammer

Sie wird verwendet, wenn man die Königin markieren oder sie in Sicherheit bringen möchte, beispielsweise wenn man an den Rähmchen arbeitet, bevor sie wieder eingesetzt werden.

Grundausstattung zum Öffnen der Beute

1. Smoker
2. Schleier
3. Handschuhe
4. Stockmeißel
5. Rähmchenhalter
6. Wasser und Chlortabletten
7. Notizbuch
8. schweres Tuch

Bei aggressiven Bienen oder ungünstigen Witterungsverhältnissen wird die Beute vor dem Öffnen mit einem schweren Tuch bedeckt.

Sirup und Futterteig

Sirup wird vom Frühjahr bis in den Herbst verabreicht, Futterteig in der kalten Jahreszeit und bei der Aufzucht der Königinnen (siehe Seite 98).

Wasser und Chlortabletten

Beides ist unerlässlich für die Reinigung von Stockmeißel, Handbesen, Handschuhen und um sich selbst die Hände zu waschen, bevor man sich dem nächsten Bienenvolk zuwendet. Ein Eimer oder Kanister mit 5 l Fassungsvermögen und zwei Chlortabletten reichen aus, um ein wirksames Desinfektionsbad herzustellen.

Lötlampe

Die Lötlampe wird eingesetzt, um den Smoker zu entzünden oder um einen Stockmeißel, eine Bodenplatte oder einen Beutenkorpus zu desinfizieren. Es genügt ein gängiges Modell mit piezoelektrischer Zündung, denn häufig kommt es vor, dass die Flammen den Smoker löschen.

Zerstäuber

Mit dem Zerstäuber werden die Bienen mit Wasser besprüht. Dadurch werden sie abgekühlt und am Davonfliegen gehindert. Einen Zerstäuber benutzt man beispielsweise, um einen Schwarm einzufangen (siehe Seite 62). Es gibt verschiedene Aromen wie Tee, Menthol oder Eukalyptus (eine Ampulle auf einen Liter Wasser), die man dem Wasser zusetzen kann.

Schweres Tuch

Man verwendet es, um die Beute teilweise abzudecken – besonders bei Inspektionen in der kalten Jahreszeit oder bei aggressiven Bienen.

Wasserfester Filzstift

Mit einem Filzstift können Sie Ihre Beobachtungen festhalten (auf dem Dach der Beute, auf dem Innendeckel, in einem Notizbuch).

Digitalkamera

Eine Digitalkamera ist sehr nützlich, wenn man Imkerkollegen mit mehr Erfahrung eventuelle Probleme zeigen oder eine bleibende Erinnerung an die Entwicklung des Bienenvolks haben möchte. In vielen Fällen reicht aber auch schon die Qualität des Smartphones aus.

Die richtige Schutzkleidung

Unser Tipp
Zünden Sie niemals den Smoker an, während Sie Ihren Imkerschleier tragen. Bei einem Flammenrückschlag könnte das Kunststoffnetz in Brand geraten.

Seine Bekleidung schützt den Imker vor Bienenangriffen und -stichen. Sie sollte sowohl bequem sitzen als auch gut belüftet sein.

Schleier

Ami-Schleier

Dieser klassische Schleier ist viereckig, einfach und sehr wirksam, schützt aber ausschließlich den Kopf. Er ist einfach überallhin mitzunehmen und wird über der Alltagskleidung getragen. Der Schleier besitzt einen integrierten Hut, sitzt gut und schützt gut vor Stichen im Kopfbereich.

Rundschleier

Durch die horizontal verlaufenden Streben lässt er sich bei Wind problemlos anlegen. Er ist jedoch gut belüftet und der Imker hat ein breites Sichtfeld.

Schleier mit Streben

Hier wird das Schutznetz immer vom Gesicht ferngehalten.

Schutzhemd

Das Schutzhemd ist mit einem integrierten, abnehmbaren Schleier ausgerüstet und schließt im Halsbereich dicht ab. Es besteht jedoch das Risiko, dass es am Bund durchlässig wird, vor allem, wenn die Elastizität nachlässt. Als Anfänger sollte man besser auf die Verwendung des Schutzhemds verzichten.

Kombianzug

Der Kombianzug garantiert vollkommenen Schutz. Die einzelnen Gummizüge dichten die Ärmelbündchen am Handgelenk ab, die Hose wird entweder über hochgeschlossenen Schuhen oder in Stiefeln getragen. Die zahlreichen Taschen sind nötig, um kleinere Utensilien oder das Smartphone immer griffbereit zu haben. Ein zusätzlicher Vorteil ist, dass die Taschen mit Klettverschlüssen ausgestattet sind. Der Schutzanzug besteht aus dichtem Gewebe, bequem und gut belüftet, und wird über der Alltagskleidung getragen.

Ami-Schleier.

Rundschleier.

Schleier mit Streben.

Handschuhe

Handschuhe sind zumindest bei bestimmten, besonders langen Inspektionen oder Tätigkeiten notwendig, wenn die Bienen aggressiv sind, wenn es regnet oder wenn es kalt ist. Sie müssen geschmeidig, waschbar und für die Handgröße geeignet sein. Einmal-Handschuhe sind vorzuziehen, auch wenn der Schutz der Handgelenke zu wünschen übrig lässt. Latex-Handschuhe müssen eine lange Manschette besitzen, um an den Ärmeln gut abzuschließen. Es sind Handschuhe für grobe Arbeiten. Lederhandschuhe sind nicht zu empfehlen, da sie sich nicht desinfizieren lassen.

Verbandskasten

Im Normalfall können Sie Bienenstiche mit einem durch Hitze wirkenden elektrischen Stichheiler behandeln, da das Bienengift bei Hitze nicht stabil ist. Bei stärkeren Reaktionen wie allgemeinem Juckreiz und Atemproblemen benötigen Sie ein Antihistaminikum. Im Fall eines anaphylaktischen Schocks oder einer allgemeinen Gefäßerweiterung mit beschleunigter Herzfrequenz und Bewusstlosigkeit muss dringend der Notarzt gerufen werden. Bis zum Eintreffen des Notarztes sollte Adrenalin eingenommen oder gespritzt werden. Auch bei einem Angioödem muss sofort der Notarzt gerufen werden.

Oben: Der Kombianzug schützt den Körper.

Links: Handschuhe gehören zur Grundausstattung eines Imkers.

Gut zu wissen

Durch Bienenstiche gefährdete Personen sollten sich vom Arzt ein Anaphylaxie-Notfallset verschreiben lassen. Es enthält meist eine Adrenalin-Fertigspritze, ein Antihistaminikum und Kortison. Lassen Sie sich von Ihrem Arzt den Gebrauch erklären. Im Notfall muss aber der Notarzt gerufen werden, da das Notfallset nur zur Überbrückung der Zeit bis zu seinem Eintreffen gedacht ist.

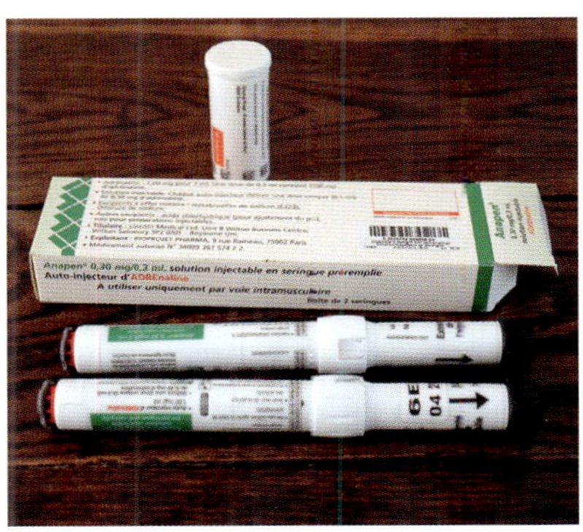

Medikamente gegen allergische Reaktionen.

Entzünden des Smokers

Ein Smoker muss genügend Rauch entwickeln, um die Aggressivität der Bienen zu dämpfen. Dazu muss die Luftzufuhr stimmen und das Räuchermaterial muss sorgfältig entzündet werden. Das Anzünden ist langwierig, doch Sie müssen es sicher beherrschen.

Material
Smoker, Lötlampe, Karton, Brennmaterial.

Schritt 1
Starke Flammenentwicklung

Zünden Sie Wellpappe an und geben Sie sie in den Smoker. Danach fügen Sie zwei kleine Nadelbaumzapfen hinzu. Fachen Sie das Feuer mithilfe einer Lötlampe noch stärker an. Mit dem Blasebalg führen Sie Luft zu (der Geruch der Zapfen muss vorherrschen). Fügen Sie die erkalteten Reste des letzten Smokereinsatzes hinzu, nachdem Sie sie durch ein Sieb (eine Konservendose, deren Boden mit 8 mm großen Löchern versehen wurde) gegeben haben.

Schritt 2
Räuchermaterial entzünden

Fügen Sie Luzerne- oder Lavendel-Pellets hinzu. Fachen sie das Feuer weiter an, bis sich der Geruch ändert – ein Zeichen, dass die Pellets brennen. Es muss reichlich dichter Rauch aufsteigen.

Schritt 3
Ende des Vorgangs

Legen Sie ein Grasbüschel oder ein Stück Karton auf, um die Pellets abzudecken, und schließen Sie den Deckel. Der Rauch sollte jetzt weiß und kalt sein. Durch blauen, durchsichtigen, warmen Rauch werden die Bienen gereizt. Wenn der Smoker korrekt entzündet wurde, setzt sich die Verbrennung ohne jeden weiteren Eingriff fort.

Welche Bienen soll ich pflegen?

Oft entdecken Menschen ihre Liebe zur Imkerei an dem Tag, an dem sich ein Schwarm in ihrem Garten niederlässt. Sie haben es sich nicht ausgesucht, sie wurden ausgesucht! Zumindest glauben sie das – und schon ist ein emotionales Verhältnis zu diesem Bienenvolk entstanden. Doch Sie können auch enttäuscht werden. Tatsächlich kann nichts die Bienenvölker ersetzen, die von versierten Imkern gezüchtet wurden.

Art, Unterart und Rasse

Es gibt verschiedene Arten, Unterarten und Rassen unter den Bienen. Einige davon werden Ihren Ansprüchen besser entsprechen als andere. Damit Sie sich besser zurechtfinden, finden Sie im Folgenden einige simple Definitionen, die zur Unterscheidung der Bienen hilfreich sind.

Die **Art** wird durch biologische Grenzen definiert. Tiere gehören nach einer weitverbreiteten Definition der gleichen Art an, wenn sie Nachkommen zeugen können, die ihrerseits fortpflanzungsfähig sind.

Die **Unterart** ist ein Teil einer Art. Verschiedene Unterarten unterscheiden sich voneinander, lassen sich aber noch fruchtbar kreuzen. Eine bekannte Unterart unserer Biene ist die Kärntner Biene (*Apis mellifera carnica*).

Die Unterart ist ein Begriff aus der Biologie. Der Imker spricht dagegen meist von Rassen, wenn er eine bestimmte Unterart meint. Außerdem gibt es noch Zuchtrassen wie die Buckfast-Biene.

Tiere einer Rasse haben ähnliche morphologische Eigenschaften. Unsere Bienen sind das Ergebnis einer Selektion durch eine mehr oder weniger ausgeprägte Inzucht und der Eliminierung von Linien, die nicht einer bestimmten Defi-

nition entsprechen (zum Beispiel Farbe der Ringe, Haarlänge, Länge der Zunge, Adern der Flügel).

Je nach Land und Region arbeiten die Imker mit verschiedenen Rassen. In Deutschland hat beispielsweise die massive Einfuhr der Kärntner Biene die einheimischen Bienen verdrängt.

Aus diesem sehr schönen wilden Schwarm wird nicht unbedingt ein ertragreiches Bienenvolk.

Vorsicht: wilde Schwärme!

Die frühere Königin hat einer jungen Platz gemacht und mit einem Teil des Volks die Beute verlassen. Das Schwärmen ist die Voraussetzung für das Überleben der Art, da nicht schwärmende Bienen aussterben würden (siehe das Kapitel „Beugen Sie dem Schwärmen vor", S. 123). Bienenvölker, deren Brut krank ist, haben so außerdem die Möglichkeit, einer Wohnstätte zu entfliehen, die von Krankheitserregern verseucht ist. Der Schwarm kann daher Krankheitserreger und Parasiten übertragen oder aus einer Linie mit starkem Schwarmtrieb hervorgegangen sein. Für den Imker ist das kein gutes Geschäft. Doch oft wird auch gerade durch einen im eigenen Garten vorgefundenen Bienenschwarm die lebenslange Leidenschaft für die Imkerei geweckt!

Setzen Sie auf hochwertige Völker

Welche Bienen sind für den Einsteiger am besten geeignet? Besorgen Sie sich bei einem erfahrenen Imker einen Ableger, der aus guten Zuchtlinien hervorgegangen ist. Im Idealfall züchtet dieser Imker selbst oder aber er vermehrt Linien, die von international anerkannten Züchtern stammen. Bei der Züchtung geht es immer um die Königin, da sie die einzige Eier legende Biene des Volks ist. Sie wird nach den folgenden Kriterien ausgewählt:

- nach ihrer Leistung bei der Eiablage;
- nach den Eigenschaften ihrer Bienenvorfahren (schwache Tendenz zum Schwärmen, Widerstandsfähigkeit gegenüber Krankheiten, Überwinterungsfähigkeit, Sanftmütigkeit).

Erwerben Sie besser keine importierten Ableger und Königinnen. Die Verbreitung von neuen Krankheiten und Parasiten ist dabei nicht auszuschließen und eine Folge der Globalisierung.

Gut zu wissen

Zögern Sie nicht, sich an professionelle Imker, Verbände, Erzeugergemeinschaften oder Vereinigungen zu wenden. Sie sind untereinander vernetzt und besitzen für Sie interessante Informationen.

Die in unseren Regionen am häufigsten angebotenen Bienenrassen

Rasse	Eigenschaften	Vorteile	Nachteile
Dunkle Europäische Biene (*Apis mellifera mellifera*)	Oft als „nicht gezüchtete" einheimische Biene gehandelt. Dennoch gibt es Linien, die aus Selektionen hervorgingen, etwa die Dunkle Biene von Chimay (Belgien) und die Bretonische Biene (Ouessant). Verträgt raues Klima.	– gut an die jeweilige Umgebung angepasst, kaum Schwarmtrieb, winterhart – langlebig	– oft aggressiv, schlechter Unterhalt der Rähmchen, schlechte Aufzucht von Königinnen, schwache Produktivität – Auswechseln der Königin problematisch
Kärntner Biene (*Apis mellifera carnica*)	Ursprünglich aus Mitteleuropa. In den 1960er-Jahren verdrängte sie in Deutschland die Dunkle Biene. Eine verträgliche Biene.	– sehr sanftmütig – kaum Schwarmtrieb – leicht zu überwintern, benötigt wenig Nahrung, früh im Jahr aktiv	– schlecht gezüchtete Linien mit starkem Schwarmtrieb, baut sehr langsam, für Nosema anfällig
Italienische Biene (*Apis mellifera ligustica*)	Sie stammt ursprünglich aus der Lombardei und gehört zu den gefragtesten Bienen weltweit. Sie diente als Ausgangsbasis bei der Zucht der Buckfast-Biene.	– sehr sanftmütig – kaum Schwarmtrieb – guter Rähmchenausbau – leichte Aufzucht, frühe Brut, starke Populationen	– lässt sich bei geringer Population schlecht überwintern – konsumiert viel im Winter und zwischen den Trachten
Kaukasische Biene (*Apis mellifera caucasica*)	Kaukasus bis zum Schwarzen Meer, bei speziellen Hybridisierungen eingesetzt. Ähnelt der Kärntner Biene.	– sehr begehrt für die Propolis-Produktion	– schwache Produktivität, besonders im Vergleich zur Buckfast-Biene
Buckfast-Biene	Von Bruder Adam aus der Abtei Buckfast in England gezüchtet. Einige Linien extrem widerstandsfähig gegen Krankheiten. Hat viele Eigenschaften der Italienischen Biene geerbt, von der sie abstammt.	– sehr produktiv – gute Widerstandsfähigkeit gegen Krankheiten – einer der Favoriten der Imker-Profis	– hört mit Eiablage nicht auf, lagert keinen Honig um die Brut herum ein, Überwinterung daher heikel – ständige Überwachung bei Nahrungsknappheit nötig

Überprüfen Sie die Vitalität eines Volks

Ein Ableger wird nach der Anzahl der Brut- und Honigrähmchen bezahlt. Oft werden fünf oder sechs Rähmchen geliefert. Das ist das notwendige Minimum, damit das Volk unter guten Bedingungen überwintern kann. Denken Sie daran, beide Seiten der Rähmchen zu überprüfen, vor allem, wenn vier Bruträhmchen und ein Honigrähmchen geliefert werden. Wichtig ist, dass kein Befall durch den Kleinen Beutenkäfer (siehe Seite 118) oder andere Krankheiten vorliegt.

Sehr schönes, geschlossenes Bruträhmchen, auf dem die Brut die gesamte Oberfläche einnimmt.

Beim Kauf sollte die Sanftmütigkeit der Bienen oberste Priorität haben, vor allem, wenn Sie Ihre Leidenschaft mit Kindern teilen.

- Bei den modernen, **sehr produktiven Rassen** bedeckt die Brut die gesamte Oberfläche der Rähmchen.
- Bei den eher **traditionellen Rassen** nimmt die Brut eine große, eiförmige Fläche ein, die an der Spitze von einem Kranz aus Honig umgeben ist.

Doch wie dem auch sei: Die Brut muss bei vier oder fünf Rähmchen mindestens drei Rähmchen einnehmen, das entspricht in etwa der Fläche von drei Vierteln der Wabe.

Wann soll ich einen Ableger kaufen?

Kaufen Sie Ihre Ableger am besten ab Ende Mai oder im Juni, nach der Zeit des natürlichen Schwärmens. Mit diesen Bienen ist jedoch im ersten Jahr kaum an eine Honigernte zu denken. Sie können einen Kauf auch im August oder September in Erwägung ziehen. Dann können Sie ab dem Ende des kommenden Winters über ein Bienenvolk verfügen, dessen Produktivität voll entwickelt ist.

Welche Rasse soll ich wählen?

In den meisten Fällen wählt man keine bestimmte Rasse aus. Es gibt tatsächlich nur sehr wenige Züchter, die mit sogenannten reinen Rassen oder mit einem einheimischen Ökotyp arbeiten. In den meisten Fällen sind Bienenvölker das Ergebnis von Mischungen, die aus der Geschichte des Imkers und den örtlichen Umständen heraus entstanden sind. Die Völker sind das Ergebnis der Auswahl dieser Imker, was jedoch ihre Qualität nicht im Mindesten berührt.

Wenn die Bienen vom Verkäufer korrekt nach den Kriterien der Sanftmütigkeit und Fruchtbarkeit gezüchtet wurden, spielt die Rasse eine untergeordnete Rolle. Das Alter der Königin bestimmt in erster Linie die Qualität eines Volks, die Rasse ist nur zweitrangig. Sie sollten das Verhalten eines jeden Bienenvolks beobachten und Ihre Arbeitsweise den Bienen entsprechend anpassen.

Kärntner Bienen bei Henri Renson. Es sind sanftmütige Bienen, die große Vorräte anlegen und leicht zu halten sind.

In der Mitte befindet sich eine „blonde" Italienische Biene.

Die Buckfast-Biene ist sanftmütig, ausgesprochen fruchtbar und ermöglicht gute Ernten. Allerdings benötigt sie eine ständige Überwachung, damit sie nicht Hunger leidet.

Einfangen eines Schwarms

Der Fang eines Schwarms gehört zu den Höhepunkten im Leben eines Imkers. Und doch ist ein wilder Schwarm nur sehr selten ein gutes Geschäft! Natürlich bringt er Bienen hervor, die sehr schnell Waben bauen, doch aller Wahrscheinlichkeit nach werden Sie die Königin auswechseln müssen, um sie durch eine mit guten Eiablageeigenschaften zu ersetzen, die sanftmütig ist und nicht zum Schwärmen neigt.

Ausrüstung

Ablegerkasten oder mit Leerrähmchen versehene Beute, Smoker, Plastikeimer, Wasserzerstäuber, Gartenschere, Tuch, Leiter.

Schritt 1

Schneiden Sie störende Äste ab und stellen Sie die Leiter so auf, dass sie einen festen Stand hat. Breiten Sie das Tuch auf der Erde direkt unterhalb des Schwarms aus und stellen Sie den Ablegerkasten oder die Beute darauf ab.

Schritt 2

Sprühen Sie den Schwarm mit reichlich Wasser ein, damit er sich zusammendrängt. Stellen Sie den Eimer unter den Schwarm. Schlagen Sie einmal kräftig gegen den Ast oder schneiden Sie den Ast ab und geben Sie den Schwarm in den Eimer.

Schritt 3

Versprühen Sie erneut Wasser, um die Bienen am Wegfliegen zu hindern. Schütten Sie den Inhalt des Eimers in den Ablegerkasten. Wiederholen Sie den Vorgang mit dem Rest des Schwarms, der sich noch am Ast befindet.

Behandlung gegen Varroa

Beim Einfangen eines neuen Schwarms bietet sich Ihnen die Gelegenheit, eine Behandlung gegen *Varroa*-Milben durchzuführen und so mit einem nicht befallenen Bienenvolk zu starten.

Schritt 4

Räuchern Sie die Stelle, wo sich der Schwarm niedergelassen hatte, stark ein, um die Bienen davonzujagen, die dorthin zurückkehren. Wenn sich Bienen oben auf den Rähmchen sammeln, dann ist die Königin zurückgekehrt und der Schwarm lässt sich im Ablegerkasten nieder. Verschließen Sie den Innendeckel zu drei Vierteln.

Schritt 5

Nach einer Viertelstunde, wenn das Volk zurückgekehrt ist und nur noch wenige Bienen umherschwirren, kann der Ablegerkasten versetzt werden. Einzelne Bienen, die verloren gehen, sind ohne Bedeutung. Schließen Sie den Kasten und bringen Sie ihn unverzüglich in den Keller oder einen fensterlosen Raum, wo er zwei Tage und zwei Nächte lang bleibt. Auf diese Weise schließt man jedes Fluchtrisiko aus. Die Bienen besitzen Reserven, um zu überleben. Danach überführen Sie sie in eine Beute, füttern und überwachen sie.

Ein neues Volk aufbauen

Wenn der Augenblick gekommen ist, an dem Sie ein neues Bienenvolk aufbauen möchten, werden Sie einige Fragen haben. Wie soll ich die Beuten vom ursprünglichen Standort zum Standort transportieren? Wie begleite ich ein neues Bienenvolk in der Anfangsphase? Wie viel Zeit benötigen die Bienen, um sich zu aklimatisieren? Was soll ich tun, wenn ich einen Fehler gemacht habe? Mit etwas Aufmerksamkeit und einigen Vorsichtsmaßnahmen werden Sie alles richtig machen.

Risiken beim Transport

Bevor Sie ein neues Bienenvolk in seine Beute überführen können, müssen Sie es erst einmal dorthin transportieren. Es geht darum, ein Volk umzusiedeln, mit all den damit verbundenen Risiken für die Tiere. Zwei Risiken treten besonders häufig auf: der Verlust von Bienen und der Erstickungstod.

Verlust von Bienen

Bienen orientieren sich an der Position ihrer Beute im Verhältnis zur Sonne, an den Erdmagnetfeldern, den Farben der Beuten und den Dingen in der Umgebung der Beute. Damit nicht zu viele Bienen während des Transports entkommen und an ihre ursprüngliche Wohnstätte zurückkehren, sollten Sie zwei Vorsichtsmaßnahmen treffen:

- Führen Sie die Aktion im Dunkeln durch, nachdem Sie die Beuten – wenn alle Sammelbienen zurückgekehrt sind – verschlossen haben.
- Versetzen Sie das Bienenvolk ausreichend weit (mindestens 3 km weit), damit die Bienen keine Orientierungspunkte mehr haben.

Erstickungstod

Die Erschütterungen während des Transports bringen die Bienen völlig durcheinander. Sie bewegen sich in alle Richtungen hin und her, die Muskulatur ihrer Flügel wird überbeansprucht, sie stopfen sich mit Honig voll und erhöhen durch Muskelzittern die Temperatur in ihrer Brust (bis auf 40 °C). Die Vibrationen ihrer Flügel erzeugen ein charakteristisches Geräusch, das sich wie ein Rauschen anhört. Ist die Beute nicht ausreichend belüftet, kann die Temperatur in ihr in wenigen Stunden stark ansteigen und das für Bienen erträgliche Maß überschreiten. Das Wachs der Waben weicht auf und die Bienen können unter dem Gewicht des Honigs ersticken.

Bevor Sie losfahren, müssen Sie sicher sein, dass die Beute im Kofferraum Ihres Fahrzeugs sicher und rutschfest steht.

Bienen richtig transportieren

Für eine kurze Fahrt (weniger als 90 min) müssen Sie nicht die gleichen Vorsichtsmaßnahmen ergreifen wie für eine lange (mehrere Stunden). Je nach Transportzeit wird der Schwarm in einer Beute oder einem Ablegerkasten (kleine, provisorische Beute) mitgenommen. Es liegt an Ihnen, die Fahrt für Ihre Bienen so angenehm wie möglich zu gestalten!

Kurze Fahrten

Ihr Ziel ist es, so viele Bienen wie nur möglich im Volk zu behalten. Daher sollten Sie die Vorbereitungen für die Fahrt bei Einbruch der Dunkelheit durchführen, wenn die Sammlerinnen in die Beute zurückgekehrt sind. Durch leichtes Räuchern werden die Wächterbienen zum Rückzug in die Beute veranlasst. Danach verschließen Sie den Eingang der Beute (zum Beispiel mit einem Schieber, feuchtem Zeitungspapier oder mit Schaumstoff).

- Bei einer vergitterten (und daher auf natürliche Weise belüfteten) Bodenplatte ist keine andere Vorsichtsmaßnahme mehr erforderlich. Verschnüren Sie die Beute sicher und stellen Sie sie in den Kofferraum Ihres Fahrzeugs. Stellen Sie sie auf zwei Holzleisten, damit die Luft gut zirkulieren kann.
- Bei einer nicht vergitterten Bodenplatte nehmen Sie den Innendeckel und das Dach der Beute ab und ersetzen beides durch ein Gitter, das Sie mit Klammern oder verschraubten Leisten fest mit den Zargen verbinden. Der durch diese improvisierte Rähmchenabdeckung entstandene Luftzug gewährleistet eine Absenkung der Temperatur, sodass es beim Transport nicht zu heiß wird. Die vom Bienenvolk ausgehenden Geräusche sind dann sehr beeindruckend. Fahren Sie mit geöffneten Autofenstern.

Lange Fahrten (mehr als 90 Minuten)

Je nach Situation müssen Sie auf eine der drei folgenden Maßnahmen zurückgreifen:

- durch Belüften die Temperatur in der Beute senken;
- die Bienen mit Wasser kühlen;
- die Anzahl der Bienen reduzieren.

Für den Transport wird die Beute mit Zeitungspapier verschlossen.

Verschließen einer Mini-Plus-Beute für den Transport.

Der vergitterte Innendeckel wird auf der Zarge befestigt, bevor die Beute transportiert wird.

Vorbereitungen für den Transport

1. Platzieren Sie ein Belüftungsgitter auf der Beute, die ihrerseits auf Leisten stehen sollte, um eine gute Belüftung zu gewährleisten.

2. Auf dieses Gitter legen Sie einen Futtertrog, der wegen seiner Form den Luftaustausch zulässt.

3. Legen Sie das Dach auf die Beute und verschnüren Sie alles. Die Beute ist somit dicht verschlossen und dennoch gut belüftet.

4. Da die Rähmchen in der Beute an Ort und Stelle gehalten werden, kann sie leicht gekippt werden, ohne dass es problematisch wird.

5. Nun ist die Beute transportfertig.

Belüften

Selbst bei einer vergitterten Bodenplatte können Sie den Innendeckel und das Dach durch eine vergitterte Rähmchenabdeckung ersetzen (siehe vorige Seite). Dieses System gewährleistet eine gute Belüftung während des gesamten Transports.

Bienen mit Wasser kühlen

Die Kühlung mit Wasser ist bei sehr heißen Außentemperaturen erforderlich, besonders wenn Sie im Sommer Beuten transportieren, die Sie auf einem Anhänger aufeinandergestapelt haben. Verwenden Sie vergitterte Innendeckel. Direkt vor der Abfahrt versprühen Sie etwas Wasser auf den Beuten. Wiederholen Sie das bei jedem Halt.

Anzahl der Bienen reduzieren

Die Verringerung der Anzahl der Bienen ist bei den meisten Verkäufern üblich. Die Beuten oder Ablegerkästen werden am hellichten Tag verschlossen und dann an den Verkaufsplatz gestellt. Zu diesem Zeitpunkt sind noch relativ viele Sammlerinnen unterwegs. Wenn sie dann mit Nektar beladen zurückkehren, finden sie ihre Beute nicht mehr vor und flüchten in die benachbarten Beuten.

Der Verlust eines Teils der Sammlerinnen ist keine Katastrophe, da sie durch die Arbeiterinnen in der Beute ersetzt werden, die unverzüglich ihren Aufgabenbereich übernehmen (siehe Seite 16). Natürlich kommt erst einmal Unruhe auf, aber ohne Gefahr für das Überleben des Bienenvolks. Um die Auswirkungen zu lindern, füttern Sie die Bienen gleich nach der Ankunft.

Tipp

Auf langen Fahrten sollten Sie jede Stunde eine Pause einlegen, um sich zu vergewissern, dass Ihre Beuten noch sicher verstaut sind. Bei der Gelegenheit versprühen Sie auch gleich etwas Wasser.

Bienentransport in der Praxis

Im Auto

Sie müssen sich vorab vergewissern, dass die einzelnen Teile gut befestigt sind und dass die Schieber am Beuteneingang dicht schließen. Für eine Biene genügen bereits 3 mm, um hindurchschlüpfen zu können.

Was ist, wenn die Beute nicht vollkommen dicht verschlossen ist? Wenn die Beute bereits im Auto ist und zahlreiche Bienen um sie herumfliegen, dann warten Sie, bis es völlig dunkel geworden ist. Dann versammeln sich alle Bienen am Flugloch und Sie können die Fahrt gefahrlos durchführen.

Weitere Probleme während der Fahrt. Die Bienen finden ein winziges Schlupfloch und entkommen aus der Beute. Sofort füllt sich das Fahrzeuginnere mit Bienen und der Fahrer gerät möglicherweise in Panik. Sollte Ihnen das passieren, dann bewahren Sie Ruhe! Die Bienen werden dem Licht entgegen zu den Fenstern fliegen. Sie müssen dann nur die Fenster öffnen, damit sie ins Freie gelangen können.

Die Bienen entkommen im Dunkeln des geschlossenen Kofferraums. Sie bleiben meist auf der Beute sitzen oder krabbeln auf ihr herum, ohne sich dabei weit zu entfernen.

Was geschieht bei der Ankunft? Lassen Sie das Auto einen Moment lang offen stehen. Die Bienen, die eventuell noch auf der Beute sitzen, werden sich dann am Flugloch versammeln und der Umzug ist abgeschlossen. Die Bienen, die sich in den Fahrgastraum verirrt haben, sind verloren. Am nächsten Tag werden sie in die freie Natur davonfliegen und sich einen gastfreundlicheren Ort suchen.

Transport auf einem Anhänger

Je nach Entfernung und Umgebungstemperatur sollten Sie die vergitterten Innendeckel zur Belüftung auf die Beuten legen. Vor Einbruch der Nacht – wenn die Sonne noch nicht ganz untergegangen ist – parken Sie den Anhänger an der Beute oder in unmittelbarer Nähe. Platzieren Sie die Beuten darauf, die Sie transportieren möchten, verschließen Sie sie aber nicht.

In der Beute herrscht eine enorme Aufregung, die Sammlerinnen geraten in Panik, da sie ihr Bienenvolk nicht wiederfinden.

Ein Transport auf einem Anhänger bietet sich an, wenn mehrere Beuten umziehen müssen.

Die Bienen drängen sich zusammen, wenn sie gestresst sind.

Doch schon nach einer halben Stunde ist wieder Ruhe eingekehrt. Die Bienen organisieren sich neu und bei Einbruch der Dunkelheit können Sie starten. Bei fehlendem Licht bleiben die Bienen in der Beute, die Nachtluft kühlt sie ab und die Fahrt stresst sie nicht so sehr – vorausgesetzt der Anhänger läuft nicht zu unruhig. Es ist nicht nötig, die Schieber der Beuten zu verschließen. Falls es sehr heiß ist, müssen Sie die Bienen trotz allem regelmäßig mit Wasser besprühen.

Bei der Ankunft werden die Bienen auf der letzten Wegstrecke oft ziemlich durchgeschüttelt. Die Bienen geraten in Panik, fliegen heraus und bilden eine Traube an den Beuten. Warten Sie so lange, bis sie sich neu organsiert haben. Oder gedulden Sie sich bis Sonnenaufgang, um die Beuten aufzustellen. Dann fällt Ihnen diese Arbeit leichter und ist bequemer.

Ein Unfall ist immer möglich

Im harmlosesten Fall hat sich die Beute gelockert, weil sie nicht richtig verschnürt war. Im schlimmsten Fall fällt sie vom Anhänger auf die Straße.

Im Garten

Es kann vorkommen, dass eine Beute ihre Bodenplatte verliert, während Sie sie im Garten aufstellen wollen. In diesem Fall blasen Sie Rauch auf die Unterseite der Beute. An dieser Stelle können die Bienen sonst entkommen. Danach setzen Sie die Bodenplatte wieder ein. Warten Sie ab, bis wieder Ruhe eingekehrt ist, bevor Sie weitermachen. Die Sammlerinnen werden nach kurzer Zeit wieder an ihren ursprünglichen Standort zurückkehren, wenn sie ihn noch vorfinden, und die Bienen aus dem Innern der Beute sammeln sich auf den Waben.

Es kommt auch immer wieder vor, dass die Beute Ihren Händen entgleitet und auf den Boden fällt. In diesem Fall räuchern Sie, bringen alles wieder an Ort und Stelle und warten ab, bis Ruhe einkehrt.

Am besten lässt sich ein Sturz der Beute vermeiden, wenn Sie sie zu zweit tragen. Sorgen Sie dafür, dass bequeme Griffe vorhanden sind und transportieren Sie die Beute nie auf einem Schubkarren. Die Bienen werden sonst zu stark durchgeschüttelt und geraten in Panik.

Auf der Straße

Eine Beute ist während der Fahrt auf die Straße gefallen. Informieren Sie am besten sofort die Polizei, damit sie alle erforderlichen Maßnahmen zur Sicherung des Unfallorts und zum Schutz der anderen Fahrzeuge vor einem Unfall in die Wege leiten kann.

Eine Beute ist bei der Ankunft auf den Weg gekippt. Das ist eine Angelegenheit, die Sie selbst in Ordnung bringen können. Setzen Sie die Beute so zusammen, wie es Ihnen möglich ist, selbst wenn die Rähmchen nicht in der richtigen Reihenfolge platziert sind. Die gestressten Bienen werden sich mit Honig vollstopfen und sich dann neu organisieren. Meistens trägt das Bienenvolk keinerlei Schaden davon, ausgenommen, wenn die Königin dabei ums Leben kommt.

Gut zu wissen

Alles kehrt zur gewohnten Ordnung zurück, sobald die Nacht hereinbricht, da die Bienen nichts mehr sehen, wenn die Sonne untergegangen ist.

Am Standort angekommen

Es ist wichtig, die Beute bzw. den Ablegerkasten gleich nach der Ankunft am endgültigen Standort aufzustellen. Sollte das nicht sofort möglich sein, dann warten Sie bis zu zwei Tage, bis sich ein günstiger Zeitpunkt für die Aufstellung ergibt. In der Zwischenzeit bringen Sie das Bienenvolk an einem kühlen, völlig dunklen Ort unter. Wenn es kalt ist, rücken die Bienen nämlich dicht zusammen und bei Dunkelheit unternehmen sie keine Fluchtversuche in Richtung Licht, die zu einer Panik und zum Erstickungstod führen können.

Bei der Ankunft füttern Sie das Bienenvolk mit mindestens einem Liter Sirup im Verhältnis 50/50 (1 l Wasser und 1 kg Zucker, siehe Seite 98).

Und danach?

Am Abfahrtsort

Nicht selten finden sich am Tag nach dem Transport noch einige Bienen, die ihre Beute suchen. Es handelt sich dabei um Sammlerinnen, die vom Einbruch der Nacht überrascht wurden. Sie haben sich an einen Ast gehängt und gewartet, bis die Sonne aufgeht. Sie werden nun in einer anderen Beute Zuflucht finden müssen.

Eine verdeckelte, dunkle Honigwabe.

Am Zielort

- Wurde das Bienenvolk in einer Beute transportiert, dann stellen Sie diese an ihrem endgültigen Standort auf. Führen Sie dann die auf der nächsten Seite beschriebenen Schritte durch.
- Wurden die Bienen in einem Ablegerkasten transportiert, dann überführen Sie sie in die endgültige Beute, und zwar spätestens wenn alle Rähmchen besetzt sind (siehe Kastentext unten).

Umsiedeln eines Bienenvolks vom Ablegerkasten in eine Beute

- Führen Sie die Aktion am endgültigen Standort des Bienenvolks durch.
- Räuchern Sie den Ablegerkasten am Flugloch und an den Rähmchen oben leicht ein. Öffnen Sie den Ablegerkasten.
- Nehmen Sie ein Randrähmchen heraus. Nehmen Sie dann nacheinander die Honig- und Bruträhmchen aus dem Ablegerkasten heraus. Setzen Sie alle Rähmchen (im Normalfall fünf oder sechs) in die Mitte der neuen Beute ein, und zwar genau in der gleichen Reihenfolge und in der gleichen Richtung wie im Ablegerkasten.
- Fügen Sie dem Ganzen auf beiden Seiten zwei Leerrähmchen hinzu, danach noch zwei isolierende Rähmchen (im Herbst) oder eine Futtertasche als Trennwand.
- Stoßen Sie die Bienen vom Innendeckel des Ablegerkastens auf die Beute ab. Drehen Sie den Ablegerkasten über der Beute um und klopfen Sie darauf. Die Bienen fallen in die Beute.
- Verschließen Sie die Beute und füttern Sie die Bienen.

Die Beute nachträglich versetzen

- Sie können die Beute um einen Meter pro Tag versetzen, ohne dass die Bienen Probleme haben, sie wiederzufinden.
- Oft können Sie die Beute auch ohne Vorsichtsmaßnahmen um rund 10 m versetzen.

In den folgenden Tagen

Füttern Sie das Bienenvolk drei Wochen lang ein- bis dreimal wöchentlich (abhängig von Ihrer verfügbaren Zeit) und überprüfen Sie den Wabenbau. Fügen Sie die letzten Leerrähmchen hinzu, sobald die übrigen Rähmchen weitgehend ausgebaut sind. Füttern Sie die Bienen und setzen Sie die isolierenden Rähmchen an den Außenseiten der Zarge ein. Dann wird das Bienenvolk weiter gepflegt, wie es auf der Seite 126 für die Pflege des Kunstschwarms beschrieben wird.

Füttern der Bienen mit Zuckersirup.

Umfüllen eines Ablegerkastens

1. Der Ablegerkasten steht neben der leeren Beute, in die Sie nun Rähmchen einsetzen.

2. Setzen Sie drei Leerrähmchen und eine Futtertasche in die Beute ein.

3. Nun überführen Sie das Bienenvolk in die endgültige Beute.

4. Das Umfüllen ist ein heikler Moment, da die Königin dabei versehentlich getötet werden kann.

Durchsicht der Bienenvölker

In der Imkerei gibt es nicht viel zu überwachen. Bestimmte Durchsichten sind jedoch unumgänglich. Vom Winterende bis zum Ende des Frühjahrs haben Sie somit viel zu tun. Neben den regelmäßigen Kontrollen des Bienenvolks müssen Sie sich auch um die Ernährung der Bienen kümmern, damit sie kräftiger und produktiver werden und vor allem die kalte Jahreszeit unbeschadet überstehen.

Wann und weshalb steht eine Durchsicht meiner Beuten an?

Der Imker entnimmt seinen Honig nicht aus den Vorräten im Brutraum des Bienenvolks, sondern aus dem Überschuss, den die Bienen produzieren. Die Kunst besteht also einzig und allein darin, starke und gesunde Bienenvölker zu pflegen und dabei ein Schwärmen (siehe Seite 125) zu verhindern, das bei einem starken Volk vollkommen natürlich ist. Regelmäßige Kontrollen geben Ihnen Aufschluss über die Entwicklung und den Gesundheitszustand Ihrer Bienen.

Zwei Durchsichten sind besonders wichtig – eine im Frühjahr und die andere im Herbst. Im Frühjahr erfolgen außerdem wöchentliche Kontrollen, damit Sie das Risiko eines Schwärmens (besonders im April und Mai) sowie die Qualität und die Entwicklung Ihres Volks erkennen können und wissen, wann der Zeitpunkt gekommen ist, um Honigräume hinzuzufügen (siehe Seite 136). Dann folgt der Sommer und die Zeit der Ernte, wenn das Bienenvolk – bis auf die Behandlung gegen *Varroa*-Milben – ganz auf sich allein gestellt ist. Im September ziehen Sie dann die Bilanz und bereiten vor Beginn der kalten Jahreszeit alles für die Überwinterung ihres Bienenvolks vor.

Durchsicht unter guten Bedingungen

Eine Durchsicht beginnt stets mit dem Öffnen der Beute (siehe Seite 38). Sobald die Beute offen ist, können Sie im Detail den Zustand und die Entwicklung Ihres Bienenvolks erkennen. Sie können sich die Arbeit erleichtern, indem Sie möglichst günstige Bedingungen schaffen, sodass die Bienen nicht zu sehr gereizt werden.

Hoher Luftdruck. Die Bienen sind ruhig, während sie bei Gewitterstimmung (Tiefdruck) aggressiv werden.

Temperatur mindestens 19 °C. Da die Temperatur der Brut 34 °C beträgt, wird sie bei jedem Öffnen der Beute beträchtlich abgekühlt, was sich auf die Verpuppung der Larven auswirkt. Eine Ausnahme stellt die erste Durchsicht im Frühjahr dar, die möglichst früh stattfinden sollte, um zukünftige Arbeiten planen zu können.

Sehr schwacher Wind. Die Sammlerinnen gehen ohne Stress ihrer Arbeit nach und das Bienenvolk fühlt sich kaum gestört.

Mäßiges und gleichmäßiges Räuchern. Das Bienenvolk soll sich nicht gestört fühlen. Die Königin könnte sonst auf der Flucht verloren gehen. Außerdem kann man sie auf dem Bruträhmchen leichter finden. Räuchern Sie die Oberseite der Rähmchen ein, nicht aber das Innere der Beute.

Keine Erschütterungen und keine knackenden Geräusche. Arbeiten Sie präzise und mit sicheren Handgriffen.

Holen Sie die Rähmchen nacheinander heraus. Sonst könnten Sie die Bienen zwischen den Rähmchen einklemmen.

Entfernen Sie Wachsbrücken zwischen den Oberseiten der Rähmchen. So vermeiden Sie, dass die verschlossenen Honigzellen aufgerissen werden, der Honig herausfließt und eine Plünderung hervorruft.

Beim Verschließen der Beute schaben Sie das Wachs auf der Oberseite der Rähmchen und auf dem Innendeckel ab, damit die Abdeckung richtig auf der Zarge aufliegt.

Entsorgen Sie die Abfälle in einem Eimer. Dadurch vermeiden Sie das Risiko einer Plünderung.

Die richtigen Handgriffe für eine gelungene Durchsicht

Ein Imker baut auf seine Erfahrung. Damit Sie nicht auf Schätzungen angewiesen sind, sollten Sie sich Ihre Beobachtungen in reproduzierbarer Weise notieren: Fläche mit Brut oder Honig (gemessen in Handbreit – beispielsweise entspricht eine Handbreit rund 150 g Honig auf der Wabenfläche) sowie Anzahl der Brut-, Honig- und Zwischenrähmchen, die von den Bienen besetzt sind. Sprechen Sie nicht von einem „sehr schönen Bienenvolk“ oder einem „schlechten Bienenvolk“. Selbst wenn man seine eigene Werteskala im Kopf hat, so mögen diese Einschätzungen für einen Profi ausreichen, für einen Einsteiger ergeben sie jedoch überhaupt keinen Sinn.

Links: vor dem Räuchern. Rechts: nach dem Räuchern.

Öffnen einer Beute

Das Öffnen einer Beute gehört zu den Grundfertigkeiten eines jeden Imkers. Es ist bei jeder Durchsicht erforderlich und lässt sich für das Bienenvolk völlig gefahrlos durchführen, wenn Sie einige Vorsichtsmaßnahmen beachten. Gehen Sie dabei ruhig und präzise vor und arbeiten Sie bei sonnigem und windstillem Wetter bei einer Mindesttemperatur von 15 °C (Frühjahrskontrolle) bzw. 19 °C (weitere Durchsichten).

Ausrüstung
Smoker, Stockmeißel, Greifklammer, Rähmchenhalter oder Kiste mit Rähmchen (alter Ablegerkasten aus Styropor).

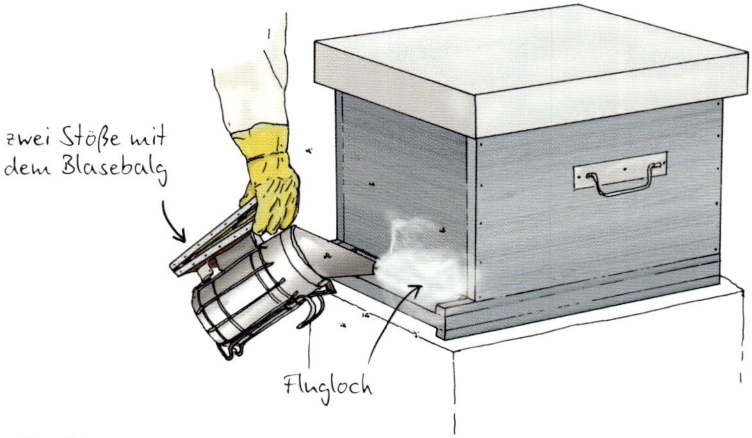

Schritt 1
Beute einräuchern

Räuchern Sie das Flugloch ausgiebig ein, um die Wächterinnen ins Innere der Beute zu verjagen. Legen Sie das Dach auf den Boden. Heben Sie den Innendeckel an und räuchern Sie ganz leicht. Dann verschließen Sie sie wieder. Halten Sie die Greifklammer bereit. Einige Sekunden danach heben Sie den Innendeckel ab und überprüfen Sie, ob sich die Königin noch dort befindet. Dann legen Sie sie verkehrt herum auf das am Boden liegende Dach.

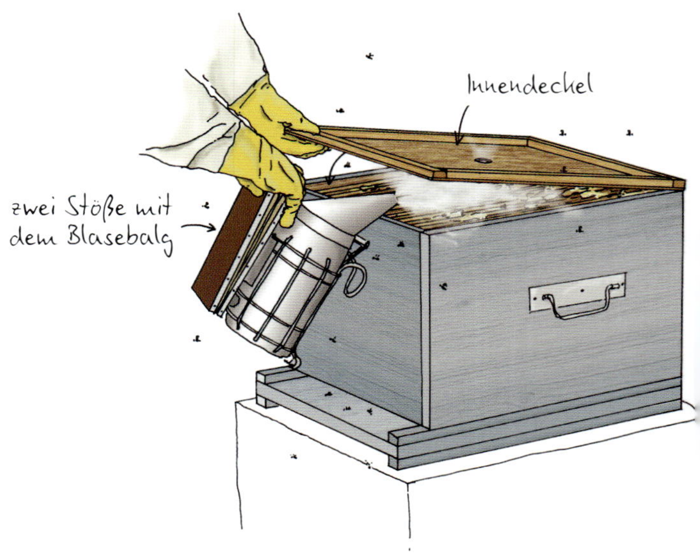

Gut zu wissen
Der Smoker dient nur dazu, die Bienen, die sich oben auf den Rähmchen befinden, durch leichtes Räuchern zu verjagen.

Schritt 2
Rähmchen lösen

Entfernen Sie die Wachsbrücken zwischen den Rähmchen mithilfe Ihres Stockmeißels.

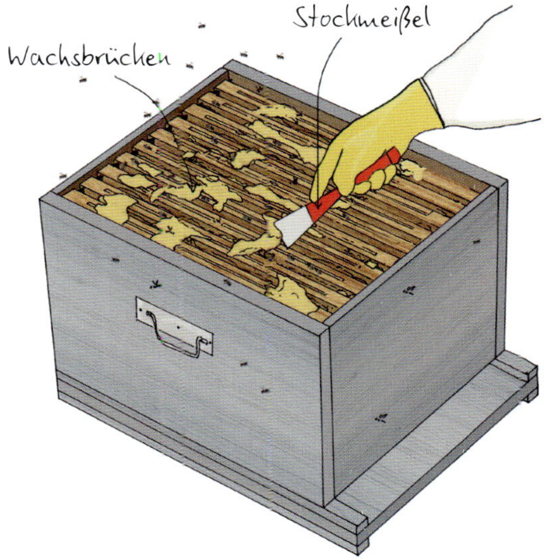

Wo finde ich die Königin?

Die Königin sollten Sie auf den offenen Bruträhmchen finden. Sie wird sich nicht auf den Honig- oder Pollenrähmchen aufhalten (außer wenn im Bienenvolk Unruhe herrscht). Sollten Sie die Königin beim Öffnen der Beute nicht bemerkt haben, dann werden Sie sie finden, wenn Sie die Rähmchen wieder an ihren Platz setzen. Ergreifen Sie die Königin mit der Greifklammer und markieren Sie sie, falls das noch nicht geschehen ist.

Schritt 3
Rähmchen inspizieren

Entnehmen Sie dem Korpus die Rähmchen, die sich an den beiden äußeren Rändern befinden, inspizieren Sie sie zügig und hängen Sie sie auf den Rähmchenhalter oder stellen Sie sie in eine Kiste. Entnehmen Sie ein drittes Rähmchen und überprüfen Sie es. Heben Sie nacheinander alle anderen Rähmchen heraus, überprüfen Sie sie gründlich und suchen Sie nach der Königin. Geben Sie die Rähmchen wieder in die Beute. Achten Sie darauf, dass Sie die Rähmchen über die Beute halten, damit die Königin nicht zu Boden fällt.

Vorsicht

Bitte achten Sie auf Reihenfolge und Richtung der Rähmchen und irritieren Sie die Bienen nicht, da sie sich innerhalb der Beute kaum von der Stelle bewegen und lange auf den Rähmchen leben, auf denen sie geboren wurden. Um die Bienen auf dem Rähmchen fortzubewegen, hauchen Sie sie von oben an. Die Atemluft lässt sie fliehen.

Frühjahrsdurchsicht

Die Frühjahrsdurchsicht ist ein absolutes Muss und ermöglicht eine Bestandsaufnahme. Sie müssen starke Völker erkennen, die schwärmen könnten, Kunstschwärme planen, schwache oder weisellose Völker und nicht legende Königinnen bemerken und Königinnen für das Auswechseln am Ende der Saison vormerken.

Wann und wie soll die Durchsicht stattfinden?

Die Frühjahrsdurchsicht sollte so früh wie möglich – im März oder Anfang April – durchgeführt werden. Wählen Sie dafür einen schönen, warmen (mindestens 15 °C) und windstillen Tag aus.

Beim Öffnen

Räuchern Sie jeweils mit zwei Stößen aus dem Blasebalg das Flugloch und die Unterseite des Innendeckels ein und öffnen Sie dann die Beute. Führen Sie danach die vollständige Überprüfung des Bienenvolks durch (siehe Merkzettel auf den folgenden Seiten).

Ende März müssen sechs gut gefüllte Rähmchen vorhanden sein, um im Lauf der Saison eine gute Produktion zu gewährleisten.

Bei der Durchsicht

Sie sollten

- gegebenenfalls das Brutnest neu zentrieren;
- die von den Bienen besetzten Rähmchen durchzählen;
- die Rähmchen nacheinander herausnehmen und zählen, wie viele Rähmchen Brut und wie viele Rähmchen ausschließlich Honig aufweisen;
- die Fläche abschätzen, die Brut oder Honig einnehmen (in Handbreit);
- beschädigte, schimmlige oder stark geschwärzte Rähmchen beseitigen;
- zu beiden Seiten der Beute ein bebautes Rähmchen nach dem letzten Honig- und Pollenrähmchen, das an die Brut angrenzt, platzieren (Behandlung gegen *Varroa*-Milben, siehe auch Seite 116);
- zwei Leerrähmchen an den Rändern (an beiden Enden der Beute) platzieren; sind alle Rähmchen in Ordnung, dann nehmen Sie die beiden Randrähmchen wieder heraus und ersetzen Sie sie durch Baurähmchen.

Beim Verschließen

- Setzen Sie isolierende Rähmchen ein, falls das Wetter wieder kalt wird.
- Geben Sie einen Liter Sirup im Verhältnis 50 : 50, damit die Temperatur in der Beute – besonders bei der Brut – schnell wieder ansteigt.

Notizen machen

Mithilfe von Notizen können Sie anstehende Arbeiten präziser planen und einen Bezug zwischen Ihren Beobachtungen und dem Schwärmen, der Produktivität und der Gesundheit herstellen.

Frühjahrsdurchsicht Anfang April. Das Bienenvolk, das zwei Monate lang mit proteinhaltigem Zucker gefüttert wurde, vermehrt sich stark. Die Oberseite der Rähmchen wird abgeschabt, bevor die Rähmchen entnommen werden.

Ende April findet sich eine schöne Brut, umgeben von Frühjahrshonig. Der auf den Bruträhmchen gelagerte Honig wird unter keinen Umständen entnommen.

Merkzettel für die Durchsicht

Außerhalb der Beute

Ort	Zustand	Diagnose
auf dem Boden	einige tote Bienen	normal
	mehrere Hundert tote Bienen	könnte ungewöhnlich sein
	mehrere Tausend tote Bienen	besorgniserregend
	kriechende, zitternde Bienen, die sich an Grashalmen festklammern und versuchen, an ihnen hochzuklettern	Viruserkrankungen
	schwarze Bienen mit deformierten Flügeln	Viruserkrankungen
auf dem Gitter der Bodenplatte der Beute	große Abfallmengen, die aus Wachs, Pollenkörnern, toten *Varroa*-Milben und Propolis bestehen	normal
	zahlreiche weiße, graue, schwarze Mumien von ausgetrockneten Larven	Mykose in der Beute
auf dem Abflugbrett	regelmäßiges Kommen und Gehen von Sammelbienen mit Pollenkörbchen an den Hinterbeinen	gutes Zeichen, da das Bienenvolk die Brut aufzieht und es eine Königin gibt, die sich um die Eiablage kümmert
	Bienen, die auf einer Seite des Fluglochs heimkehren	die Stelle in der Beute, an der sich die Brut und damit die Königin befindet
	Bienen, die ihre heimkehrenden Artgenossen verjagen, viele tote Bienen	Krankheitsfall
auf dem Dach	keine spezifischen Anzeichen	normal
	kleine, braune Kreise	normal (Exkremente, die die Bienen im Flug zurückgelassen haben, nachdem sie lange Zeit eingesperrt waren)
	braune, zungenförmige Exkremente (auf dem Dach, aber auch auf der Vorderseite der Beute)	wahrscheinlich Ruhr (gutartig) oder Nosemose (schwere Erkrankung, die meldepflichtig ist)

Informationen über Erkrankungen ab Seite 104

Merkzettel für die Durchsicht

Innerhalb der Beute

Ort	Zustand	Diagnose
Geruch	Wachs, Propolis	normal
	Essig, Fischleim, Ammoniak	ungewöhnlich, Krankheit, wahrscheinlich Sauerbrut
oben auf den Rähmchen	zahlreiche Wachsbrücken, Spuren von Propolis	normal
	zungenförmige Exkremente auf den Rähmchen	sehr wahrscheinlich Nosemose
	sehr viele tote Bienen	sehr wahrscheinlich Vergiftung, siehe Erstickungstod
zwischen den Rähmchen	notieren Sie die Anzahl der von Bienen besetzten Zwischenrähmchen	auf diese Weise lässt sich einschätzen, wie stark ein Bienenvolk im Vergleich zu den anderen ist
Kontrolle der Rähmchen	schimmlige oder geschwärzte Rähmchen	durch Leerrähmchen ersetzen
	Honigrähmchen	Anzahl? Honigfläche (gemessen in Handbreit)?
	Bruträhmchen (sie folgen immer nach dem ersten Pollenrähmchen)	Anzahl? Fläche von offener bzw. geschlossener Brut (gemessen in Handbreit)?
Brut	eine einzige offene Brut	die Königin hat gerade mit der Eiablage begonnen
	verschlossene Brut in der Wabenmitte, die von offener Brut umgeben ist	die Königin hat mit der Eiablage vor weniger als einem Monat begonnen
	auf derselben Wabe wechseln sich geschlossene und offene Brut ab	die von der Königin abgelegten Eier sind schon alt
	kompakte geschlossene Brut	ausgezeichneter Gesundheitszustand
	Brut mit einigen offenen und leeren Zellen	normal, unbefruchtete Eier

Informationen über Erkrankungen ab Seite 104

Brut (Fortsetzung)	Brut mit vielen leeren Zellen	ungewöhnlich, alte Königin oder vorliegende Krankheit
	Deckel der Brut stark gewölbt	ausgezeichnet
	Deckel der Brut flach	unterkühlte Brut, die im Absterben begriffen ist, zu wenig Bienen im Innern (zu lange Durchsicht, Vergiftung)
	nur zwei Bruträhmchen und zwei Zwischenrähmchen mit Bienen	Sehr kleines Bienenvolk. Sie sollten es füttern und seine Entwicklung beobachten. Sollte sich die Brut einen Monat später verdoppelt haben, sollten Sie die Königin bei der Zusammenführung mit einem anderen Bienenvolk (siehe Seite 92) im Lauf des April beibehalten.
	drei oder vier Bruträhmchen	Kleines Bienenvolk. Sie sollten es zwei Wochen lang füttern und insgesamt 2 l Sirup (jeweils 250 ml) verabreichen.
	sechs Bruträhmchen und mehr	Starkes Bienenvolk mit Tendenz zum Schwärmen. Bilden Sie Anfang bis Mitte April einen Kunstschwarm (siehe Seite 128). Überwachen Sie das Bienenvolk und halten Sie es bei sieben oder acht Bruträhmchen, indem Sie bis zum Ende der Ausschwärmzeit regelmäßig Bruträhmchen entnehmen. Diese geschlossenen Bruträhmchen, die ohne darauf sitzende Bienen entnommen werden, werden in schwächere Bienenvölker eingesetzt.

Bilanz	zahlreiche positive Kriterien	Gute Situation, qualitativ hochwertiges Bienenvolk. Es sollte in seiner Entwicklung beobachtet werden
	Anzeichen für eine Erkrankung	Sorgfältige Überwachung des Bienenvolks, eventuell sogar Vernichtung, wenn Amerikanische oder Europäische Sauerbrut vorliegen. Auswechseln der Königin bei Mykosen und Schwarzsucht.

Herbstdurchsicht

Die Herbstdurchsicht wird im Lauf des Septembers vorgenommen und zwar nach der gleichen Vorgehensweise wie die Frühjahrsdurchsicht (siehe Seite 80).

Brut vor der Überwinterung: Die Bienen füllen die durch die schlüpfende Brut frei werdenden Zellen mit Nektar.

Was soll ich mir notieren?

- Die Anzahl der Honigrähmchen und den Befüllungsgrad der einzelnen Waben;
- die Anzahl der Bruträhmchen und ihre Qualität.
- Die Anzahl der Drohnenzellen. Falls Drohnenzellen sehr zahlreich sind:
  - ist keine Königin vorhanden;
  - besteht die Brut nur aus männlichen Tieren, die in Arbeiterinnenzellen aufgezogen werden.
  - ist das Volk verwaist. Die Königin ist unauffindbar und es gibt weder offene noch verdeckelte Brut oder in der Mitte der Rähmchen sind Weiselzellen zu finden.

Welche Arbeiten fallen an?

- Nehmen Sie alle leeren Rähmchen (bzw. die, die auf weniger als 10 cm Durchmesser gefüllt sind) heraus.
- Setzen Sie ein isolierendes Rähmchen nach dem letzten bebauten ein.
- Füttern Sie konzentrierten Sirup, damit die Bienen die Waben vervollständigen können. Beenden Sie die Zufütterungen Ende September, außer wenn das Wetter anhaltend warm ist.
- Wechseln Sie die Königin aus, wenn sie älter als zwei Jahre ist bzw. nur noch wenig Eier legt.
- Verteilen Sie die Drohnen und führen Sie die verwaisten Völker zusammen (siehe Seiten 90 und 92). Ein Bienenvolk kommt mit fünf Honig- bzw. Bruträhmchen sehr gut über den Winter. Unterhalb dieses Werts ist das Bienenvolk schwach und muss vereinigt werden.
- Während der Durchsicht geben Sie den Bienen einen Liter Sirup im Verhältnis 50 : 50.

Gut zu wissen

Wiegt man eine Dadant-Beute mit zehn Rähmchen und einem Blechdach mit einer Federzugwaage und sie ist schwerer als 20 kg, dann sollte das Bienenvolk ohne Zufütterung von Zucker den Winter ohne Probleme überleben können.

Wiegen mit der Federzugwaage

Man kann den Bestand eines Bienenvolks mithilfe des Gewichts der Beute kontrollieren. Die Beute wird auf eine Unterlage gestellt. Befestigen Sie einen Haken oder eine große Schraube in der Bodenplatte oder in der Mitte der Korpus-Unterseite. Verwenden Sie eine Federwaage, die für Lasten von 40 kg geeignet ist. Sobald Sie sie mit der Schraube verbunden haben, heben Sie die Beute vorsichtig an, bis Sie den hinteren Teil von der Unterlage abgehoben haben. Dann notieren Sie das abgelesene Gewicht. Der Wert ist zwar nicht genau, dient jedoch als Anhaltspunkt. Notieren Sie jede Gewichtsabweichung in monatlichem Turnus.

Gute Ausgangssituation für die Überwinterung (Mitte Oktober). Die Beute steht auf einem Aufsatz und die Bienen haben unter dem Rähmchen gebaut.

1. November: offene und verschlossene Brut, Pollen und Honig gedeckelt.

Durchsichten im laufenden Jahr

Durchsichten im laufenden Jahr haben den Zweck, die Entwicklung des Bienenvolks zu verfolgen und Entscheidungen hinsichtlich des Schwärmens, der Aufstellung bzw. Entfernung von Zargen und der Zufütterung zu treffen. Im Mai und Juni sollten Sie diese Inspektionen wöchentlich durchführen, besonders wenn die Tracht gering ausfällt. Die Vorgehensweise ist die gleiche wie bei den Kontrollen im Frühling und Herbst, aber

- die Durchsicht sollte kurz sein;
- die Kontrolle bezieht sich auf die Anzahl und Qualität der Bruträhmchen sowie auf den Befüllungsgrad der Honigrähmchen;
- das Ziel soll sein, der Königin möglichst viel Platz für die Eiablage und dem Bienenvolk möglichst viele Baurähmchen zur Verfügung zu stellen und es zu füttern, wenn Nahrungsmangel herrscht (kein Nektar in den Waben).

Wie gehe ich vor?

- Nehmen Sie die Honigrähmchen heraus, die sich an den Rändern der Zarge befinden. Sie dienen als Ergänzung der Wintervorräte im September bzw. zur Schaffung neuer Völker. Bewahren Sie sie in einem dicht geschlossenen Beutel auf und behandeln Sie sie mit Schwefel (siehe Seite 140).
- Setzen Sie jeweils ein Leerrähmchen nach jedem Honig- bzw. Pollenrähmchen ein.
- Suchen Sie Weiselzellen, schaffen Sie Kunstschwärme oder verringern Sie den Bienenbestand, um ein Schwärmen zu verhindern (siehe Seite 130). Fügen Sie Zargen hinzu (siehe auch Seite 136).
- Sollten Probleme auftreten, dann ergreifen Sie unverzüglich geeignete Maßnahmen (siehe Kapitel „Krankheiten und Parasiten“, S. 105).

Gesunde offene Brut.

Bei Ihren Durchsichten sollten Sie besonders auf das Auftreten von neuen Weiselzellen achten.

Teilung eines Bienenvolks

Mit der Teilung eines Bienenvolks lässt sich ein schwaches oder drohnenbrütiges Volk auflösen. Bei der Drohnenbrütigkeit legen eine oder mehrere unbefruchtete Arbeiterinnen Eier, aus denen dann ausschließlich Drohnen hervorgehen. Diese Arbeiterinnen können eine hinzugefügte Königin sogar töten, da sie recht aggressiv sind. Eine solches Bienenvolk aufzuteilen ist die einzige Lösung.

Ausrüstung
Keine spezielle Ausrüstung erforderlich.

Schritt 1
Stellen Sie die Beute am Ende des Tages an eine andere Stelle, nachdem Sie sie gut eingeräuchert haben.

Gut zu wissen
Das Vereinigen und Teilen von Bienenvölkern sollten Sie regelmäßig durchführen. Es ist völlig zwecklos, wenn Sie im Oktober schwache Völker am Leben halten, die im Lauf des Winters sterben werden.

Schritt 2

Jedes Rähmchen wird herausgenommen und in 20 m Entfernung von der Beute abgestoßen. Die Eier legenden und alten Bienen können nicht in die Beute zurückkehren, da sie nicht mehr gut fliegen können. Die jüngeren, aktiveren Bienen werden sich in eine andere Beute einfügen lassen.

Schritt 3

Verschimmelte, geschwärzte Rähmchen oder Rähmchen mit Drohnenbrut werden vernichtet. Saubere und leere Rähmchen behalten Sie. Honigrähmchen werden auf andere Bienenvölker verteilt.

Vereinigen von Bienenvölkern

Mit dem relativ einfachen Vereinigen von Bienenvölkern können Sie ein Volk, das keine Königin mehr hat oder dessen Königin zu alt ist, durch Vereinigen mit einem anderen Bienenvolk erhalten. Außerdem können Sie ein Volk stärken, sodass es großen Trachten gewachsen ist.

Ausrüstung
Eine saubere Beute ohne Rähmchen.

Schritt 1

Nähern Sie die beiden Völker, die Sie vereinigen möchten, jeden Tag um 50 cm bis 1 m an.

Schritt 2

Nehmen Sie eine leere Beute, die den Platz des stärkeren Bienenvolks einnimmt, und setzen Sie die junge Königin – umgeben von ihren Bienen – auf ihrem Rähmchen in die Mitte.

Zur Beachtung

Man führt nur gesunde Populationen zusammen. Aus zwei kranken Bienenvölkern wird ein Krankenhaus, aus zwei kräftigen ein starkes Gespann. Eine Zusammenführung im Herbst ist einer im Frühling vorzuziehen, weil sich die Völker den ganzen Winter über aneinander gewöhnen können. Wenn es jedoch nötig ist, kann eine Vereinigung jederzeit im Imkerjahr vorgenommen werden.

Schritt 3

Setzen Sie auf beiden Seiten mit Bienen besetzte Bruträhmchen ein, die aus dem Volk der jungen Königin stammen. Legen Sie die Pollen- und Honigrähmchen beiseite, denn Sie möchten ja die gewohnte Anordnung der Rähmchen einhalten: die Brut in der Mitte, dann der Pollen und danach der Honig.

Schritt 4

Aus der anderen Beute entnehmen Sie alle Bruträhmchen mit den darauf befindlichen Bienen und setzen sie zu beiden Seiten der Bruträhmchen aus der ersten Beute ein. Vervollständigen Sie alles mit Pollenrähmchen, danach mit Honigrähmchen.

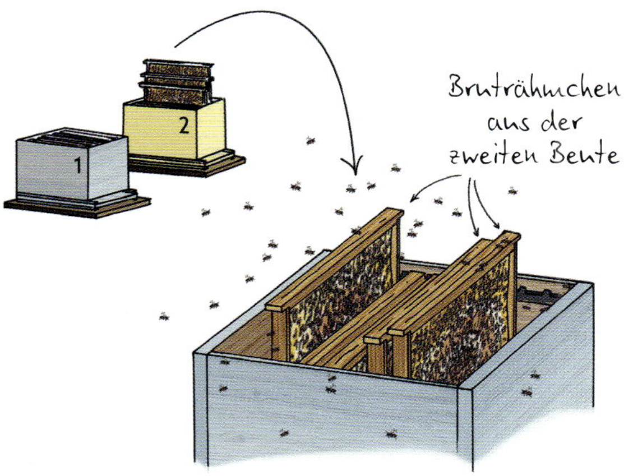

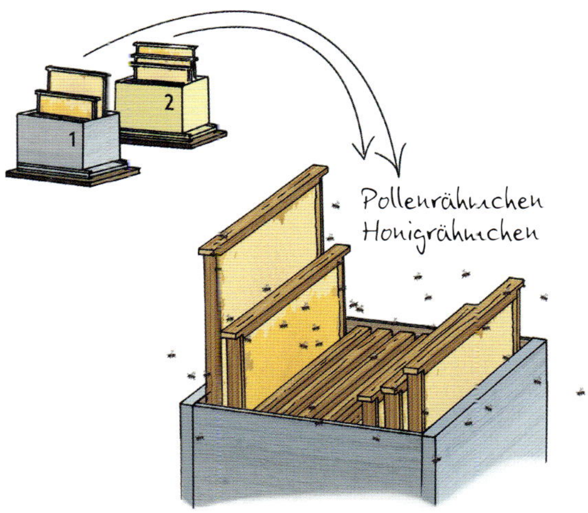

Eine weitere Methode

Ausrüstung: Zeitungspapier oder ein Gitter

Schritt 1: Legen Sie zwei Seiten Zeitungspapier auf den Korpus der Beute, deren Königin Sie behalten möchten. Bohren Sie in jede Ecke ein kleines Loch oder legen Sie ein Gitter für die Zusammenführung auf. Stellen Sie den Korpus der anderen Beute darauf. Träufeln Sie zwei Tropfen Eukalyptusöl auf jede Beute, um den den Völkern eigenen Geruch zu überlagern, und füttern Sie.

Schritt 2: Eine Woche später vereinigen Sie die Völker. Entfernen Sie die leeren oder zu wenig Pollen oder Honig enthaltenden Rähmchen. Erhalten Sie vorrangig die Brut- und Pollenrähmchen. Stoßen Sie die Bienen des Volks, das aufgelöst werden soll, in die neue Beute ab. Wenn Sie die Königin finden, töten Sie sie.

Füttern von Bienen

Muss ich denn meine Bienen füttern? Die Antwort müsste „nein“ lauten, da Bienen in der Natur zum Überleben nicht auf den Menschen angewiesen sind. Es gibt Imker, die ihre Bienen gar nicht füttern. Sie achten jedoch darauf, ihnen stets einen wesentlichen Anteil des gesammelten Pollens zu lassen. Andere Imker wiederum möchten mehr ernten und müssen sich somit mehr um die Ernährung ihrer Bienen kümmern.

Warum muss ich meine Bienen füttern?

Gut zu wissen
Füttern Sie Ihre Bienen im Frühling sehr sparsam, sonst schwärmen sie garantiert aus. Füttern Sie sie dafür ausgiebig im Sommer, sonst leiden sie wahrscheinlich Hunger.

Es gibt mehrere Gründe für eine Fütterung der Bienen:

Eine Fütterung während der warmen Jahreszeit ermöglicht es den Bienen, leichter Vorräte für den Winter anzulegen. Die Vorräte werden ja vom Imker drastisch reduziert, wenn der Honig geerntet wird. Da die Zeit der Blüte der meisten Pflanzen (und daher der großen Trachten) vorbei ist, finden die Bienen nicht mehr genügend Nahrungsquellen, um davon ihre Wintervorräte vor dem Herbst wieder aufstocken zu können.

Eine Fütterung gegen Ende des Winters veranlasst das Bienenvolk, mehr Bienen aufzuziehen. Der Imker kommt so der Natur zuvor und setzt auf eine Ernte bereits ab der ersten großen Blüte.

Eine Fütterung kompensiert außerdem die schädlichen Auswirkungen der aktuellen ökologischen und klimatischen Veränderungen. Das mit zusätzlichem Futter versorgte Bienenvolk ist deutlich widerstandsfähiger.

Die Biene nimmt Honig auf.

Eine Sammlerin auf einer Rapsblüte, einer der ersten Trachten. Sie liefert Nektar und Pollen in großer Menge.

Was muss ich meinem Bienenvolk anbieten?

Bienenvölker benötigen drei Dinge.

Wasser: Ungefähr 100 l pro Jahr werden hauptsächlich zur Herstellung von Futterbreien benötigt. Sie werden von den Wasserträgerbienen herbeigeschafft, die sich gezielt auf die Suche nach Wasser begeben. Von den Sammlerinnen wird Wasser als Bestandteil des Nektars in die Beute getragen oder aber in der kalten Jahreszeit dem Honig entzogen.

Zucker: Rund 100 kg pro Jahr werden verwendet, um Wärme zu produzieren und die Energie zum Fliegen bereitzustellen. Zucker wird aus Blütennektar, dem Saft von Früchten und Honigtau (den zuckerhaltigen Ausscheidungen von Blattläusen und anderen Insekten) gewonnen. Die Bienen lagern ihn in Form von Honig ein.

Pollen: Pollen wird in großen Mengen benötigt. Seine pflanzlichen Proteine sind für die Entwicklung der Larven wichtig. Pollen liefert die verschiedensten Proteine, die die Bienen für die Herstellung von Wachs und Futterbrei benötigen. Sie erhöhen auch die Widerstandsfähigkeit gegen Krankheiten und sorgen für eine hohe Lebenserwartung.

Wabe mit Pollen (orangefarben).

Wasserträgerbiene.

Wasser

Oft wird das Wasser von den Imkern vergessen! Wenn in der Nähe kein Wasser zu finden sind, müssen Sie es den Bienen anbieten. Dafür eignet sich sehr gut ein 20-l-Kanister mit einem Hahn, der tropfenweise Wasser auf ein Brett träufelt, das in der Sonne aufgestellt ist. Fügen Sie pro Liter Wasser 2 g Kochsalz hinzu.

Sie können aber auch eine handelsübliche Tränke verwenden. Damit sie gut angenommen wird, stellen Sie sie ab Februar auf, damit die Wasserträgerinnen sich über die Wasserquelle informieren können. So vermeiden Sie auch Klagen Ihrer Nachbarn, die sich über Ihre Bienen beschweren, weil sie Wasser aus dem Pool entnehmen. Während der Brutsaison oder bei großer Hitze müssen Sie 1,5 l Wasser pro Bienenvolk und Tag bereithalten.

Bienen mögen warmes Wasser

Da sie selbst nur sehr wenig Wärme erzeugen, benötigen Bienen lauwarmes Wasser. Sie lieben warmes Wasser, das aus einem sonnenbeschienenen Wasserhahn tropft oder das durch Kapillarwirkung in ein in der Sonne gelegenes Bachufer sickert. Sie nutzen aber auch Wasserpfützen und harnstoffreiches Wasser, wie es in Jauchegruben enthalten ist.

Vorsicht! Es gibt auch Wasser, das für Bienen toxisch ist: Wasser, das Spuren von Schädlingsbekämpfungsmitteln enthält, sowie die Wassertropfen, die morgens an Blättern austreten (Guttation), denn auch sie können entsprechende Mittel enthalten. Wasser, das Mittel gegen Stechmücken enthält, ist ebenfalls für Bienen giftig.

Zucker

Zucker kann der Imker in zweierlei Form anbieten:

Als **Sirup** wird er den Bienen gegeben, wenn die Außentemperatur über 15 °C liegt. Es gibt ihn in verschiedenen Konzentrationen.

Als **Futterteig** wird er den Bienen verabreicht, wenn das Bienenvolk eine Wintertraube bildet (siehe Seite 20).

Gut zu wissen

Die Fütterung von Honig ist grundsätzlich zu begrüßen. Es besteht jedoch ein hohes Risiko der Plünderung und der Übertragung von Krankheiten. Aus diesem Grund wird Honig nur in besonderen Fällen angeboten, etwa der Aufzucht von Königinnen.

Der Zucker muss perfekt raffiniert sein. Brauner Zucker oder Melasse enthalten Mineralsalze, die für Bienen unverdaulich sind. Kristallzucker selbst herzustellen ist nicht einfach. Er wird jedoch in zahlreichen Varianten speziell für Imker angeboten. Es gibt auch stärkefreien Puderzucker speziell für Bienen, aus dem sich Sirup oder Futterteige herstellen lassen. Fructose, Glucose und Saccharose sind Zuckerarten, die von Bienen am schnellsten aufgenommen werden. Es gibt auch noch andere Zucker, die langsamer verdaut werden. Einige Zuckerarten sind für Bienen unverdaulich, wie beispielsweise Milchzucker. Die bei uns im Lebensmittelhandel erhältlichen Zucker sind prizipiell für Bienen geeignet, sollten aber keine Beimengungen (etwa Stärke gegen das Verklumpen) enthalten.

Die letzte Herbstfütterung. Die Kunststofffolie ermöglicht das Öffnen der Beute, um den Sirup in die Futtertasche gießen zu können.

Sirup

Sirup oder Zuckerlösung wird verabreicht, um ungenügende Wintervorräte zu ergänzen oder um in der warmen Jahreszeit reichliche Trachten vorzutäuschen. Auf diese Weise kann die Eiproduktion der Königin bei geringer Tracht aufrechterhalten oder gesteigert werden. Die Herstellung von Sirup ist einfach. Lösen Sie den Zucker in lauwarmem Wasser auf und verrühren Sie ihn mit einem Mixer. Die im Handel angebotenen Sirupkonzentrate können durch Zugabe von 30 bis 50 % Wasser verdünnt werden.

Gering konzentrierter Sirup

Er setzt sich im Verhältnis 50 : 50 zusammen (1 l Wasser auf 1 kg Zucker) und kommt dem Blütennektar sehr nahe, der maximal 30 % Zucker enthält. Man säuert ihn mit 10 bis 15 ml/l (je nach Härtegrad des Wassers) Essig an, um den pH-Wert von Honig zu erhalten (pH 3 bis pH 4,5). Imker verwenden diesen Sirup bei unterschiedlichen Gelegenheiten. Er gärt nach einigen Tagen.

Hoch konzentrierter Sirup

Hoch konzentrierter Sirup besteht zu zwei Dritteln aus Zucker und zu einem Drittel aus Wasser – die maximale Konzentration. Dieser Sirup kristallisiert nach einiger Zeit und hält sich daher nur einige Wochen lang. Der im Handel angebotene Sirup enthält bis zu 74 % Zucker (eine Mischung aus verschiedenen Zuckersorten), er kristallisiert nicht und hält sich mehrere Jahre lang.

Drei Arten von Fütterungsvorrichtungen

Der auf die Zarge aufgelegte Futtertrog wird von den Bienen aufgesucht, wenn die Außentemperatur regelmäßig 15 °C übersteigt. Unterhalb dieser Temperatur ist der Sirup zu kalt und wird von den Bienen nicht angenommen. Die in der Beute platzierte Futtertasche hält den Sirup auf einer für die Bienen angenehmen Temperatur, selbst wenn die Außentemperatur unter 10 °C fällt. So kann man den Sirup früher im Winter anbieten.

Runder Futtertrog aus Plastik, der auf den Innendeckel gestellt wird.

Dieser Futtertrog aus Holz wird anstelle des normalen Innendeckels eingesetzt.

Diese Futtertasche wird anstelle eines Rähmchens in die Beute eingesetzt.

Verwendung des Sirups

Zeit	Grund	Menge	Häufigkeit	Risiko des Schwärmens
Mitte Januar	Eiablage der Königin fördern	– ein Glas voll – lauwarmer, gering konz. Sirup	einmalig bei sonnigem Wetter	sehr gering
März/April, 40 Tage vor der ersten großen Nektartracht	Entwicklung des Bienenvolks anregen	– ½ bis 1 l – zweimal pro Woche – gering konz. Sirup	höchstens 20 Tage lang	sehr hoch, wenn die große Blüte vorher stattfindet
zwischen den Nektartrachten, nachdem der Honig geerntet wurde	Hungersnot entgegenwirken	– ½ Liter – zweimal pro Woche – gering konz. Sirup	höchstens 10 bis 15 Tage lang; sofort aufhören, wenn die Bienen Vorräte anlegen	gering bis gar keins; trotzdem beobachten
nach der letzten Ernte im Juli	Wintervorräte aufstocken	– ganze Futterbehältnisse – hoch konz. Sirup	durchgehend, bis zu 15 kg pro Bienenvolk verabreichen	keins
August und September	Eiablage der Königin aufrechterhalten	– ½ bis 1 Liter – gering konz. Sirup	zweimal pro Woche, außer während der Zeit der Trachten	keins

Futterteig

Puderzucker kann von den Bienen leicht aufgenommen werden. Er kann durch Futterteig ersetzt werden. Man verwendet Futterteig während der kalten Jahreszeit, um die Honigvorräte der Bienen zu ersetzen beziehungsweise zu ergänzen. Man legt den Futterteig direkt oben auf die Rähmchen an der Stelle, an der sich die Wintertraube befindet – und zwar nicht in einem Beutel – und bedeckt ihn ganz einfach mit Kunststofffolie. Die Bienen finden ihn rasch.

Wie biete ich meinen Bienen den Zucker an?

1. Der Futterteig wird direkt oben auf die Rähmchen gelegt.

2. Wird der Zucker dort platziert, wo sich die Bienen aufhalten, finden sie ihn rasch.

3. Nun deckt man den Futterteig mit einer Kunststofffolie ab.

4. Man dreht den als Innendeckel dienenden Futtertrog verkehrt herum und setzt das Dach auf.

Verwendung des Futterteigs

Zeit	Grund	Menge	Turnus	Risiko des Schwärmens
Wenn im Januar die Eiablage beginnt, oder bei Bedarf auch früher (in Ausnahmefällen)	Honigmangel ausgleichen	2 bis 4 kg im Lauf des Winters	einmal pro Monat überprüfen	keins

Herstellung von Futterteig

1. Vermischen Sie Puderzucker mit kochendem Wasser.

2. Der Brei wird in ein Beutendach gegeben.

3. Der noch weiche Teig wird in neun Stücke aufgeteilt.

Pollen

Pollen ist die beste Proteinquelle und durch nichts zu ersetzen. Für einen Einsteiger in die Imkerei ist es jedoch schwierig, ihn zu sammeln, und seine Aufbewahrung bereitet auch verschiedene Probleme.

In frischem Zustand schimmelt Pollen ziemlich schnell und wird von Insekten befallen.

In getrocknetem Zustand ist er für die Bienen von schlechter Qualität.

In gefrorenem Zustand behält er seine guten Eigenschaften.

Der am häufigsten verwendete Pollenersatz ist gefriergetrocknete Bierhefe. Die Menge, die man einem Sirup hinzufügen sollte, beträgt 3 bis 5 % des Sirupgewichts. Die Bierhefe wird mit dem Wasser des Sirups – bevor der Zucker hinzugefügt wird – vermischt und am selben Tag verwendet, da sie sonst gärt. Ziel ist es, den zukünftigen Königinnen und Arbeiterinnen die Verpuppung zu erleichtern. Bei erwachsenen Bienen wird die Herstellung von Wachs und Gelée royale begünstigt.

Weitere Nahrungsergänzungen

Im Handel werden zahlreiche Präparate auf der Basis von Kräutern, Algen oder Propolis angeboten, um Sirup und Futterteige zu ergänzen. Es hat sich herausgestellt, dass viele dieser Produkte die Widerstandskraft des Darmtrakts erwachsener Bienen gegenüber Nosemose erheblich verbessern.

Zwei wissenswerte Tipps

Fügen Sie je nach Härtegrad des Wassers 10 bis 15 ml Essig pro Liter Sirup hinzu. Das wirkt sich positiv auf die Widerstandskraft gegen Nosemose aus. Eine ebenso positive Wirkung gegen Nosemose erzielen Sie, wenn Sie pro Liter Sirup 5 ml eines aus Propolis und Fruchtalkohol gewonnenen Suds hinzufügen.

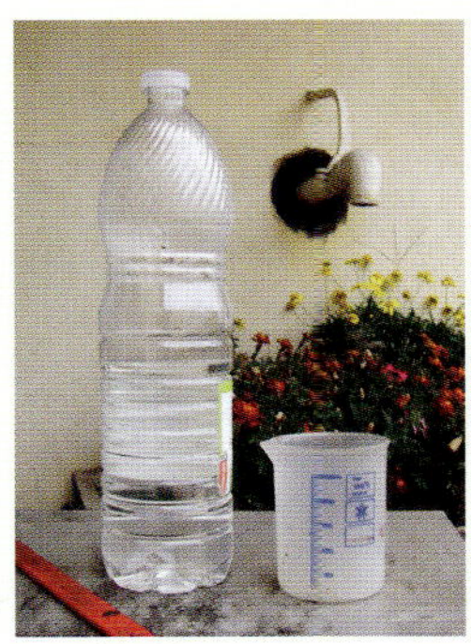

Essig mit 8 % Essigsäure.

Fütterung mit Futterteig

Von November bis März ist es nur selten möglich, Sirup an die Bienen zu verfüttern. Die Kälte lähmt die Tiere und sie gelangen erst gar nicht an den Sirup heran. Man muss die Beute abdichten, um den Zucker zugänglich zu machen.

Ausrüstung
Kunststofffolie, Futterteig, Futtertrog oder Innendeckel, der von einer 50 mm hohen Leiste umrahmt ist.

Option 1

Der in Plastikbeuteln von 1,5 kg bis 2,5 kg Inhalt erhältliche Futterteig wird direkt auf die Öffnung des Futtertrogs gelegt. Der Beutel wird an der Stelle, wo sich die Öffnung in der Zarge befindet, ausgeschnitten. Manche Futtertröge haben mehrere Öffnungen, die es dem Imker ermöglichen, sich so nah wie möglich an die Wintertraube heranzutasten.

Option 2

Bei der letzten Öffnung im Herbst legen Sie oben auf die Rähmchen eine dicke transparente Kunststofffolie (manche Imker lassen sie ganzjährig dort). Schneiden Sie sie an der Stelle aus, an der die Bienen zu sehen sind, und legen Sie den Futterteig ohne Umhüllung oben auf die Rähmchen, und zwar genau an dieser Stelle (für sehr kleine Populationen ist das überlebenswichtig). Bedecken Sie das Ganze mit Dämmmaterial (dicke Kunststofffolie oder Luftpolsterfolie), legen Sie den Innendeckel verkehrt herum auf und danach den Deckel. Prüfen Sie, ob der Zucker aufgenommen wird.

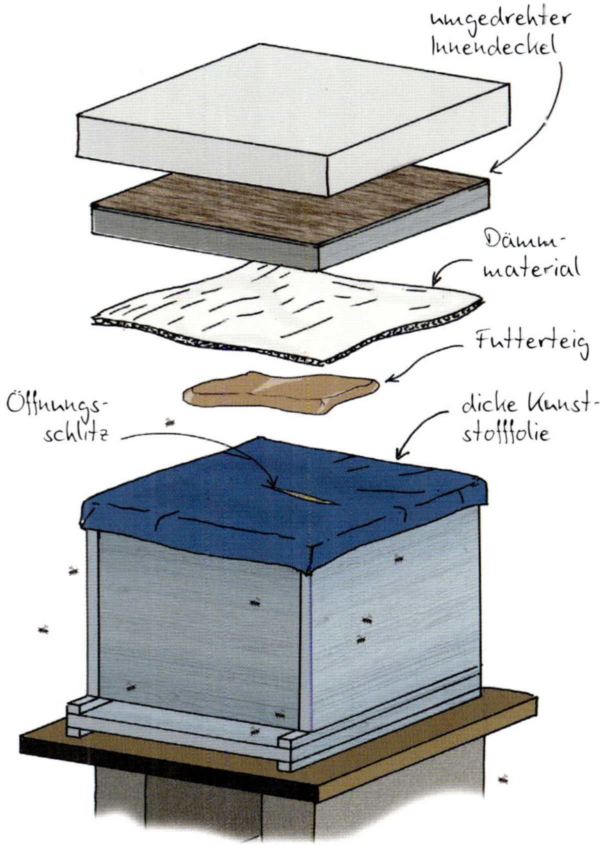

Vorsicht

Die Bodenplatte muss gut belüftet sein, damit sich keine Feuchtigkeit in der Beute sammeln kann.

Futterteig auf der Öffnung im Innendeckel.

Der umgedrehte Innendeckel verschließt die Beute.

Krankheiten und Parasiten

Wie jedes Lebewesen sind auch Bienen anfällig für Krankheiten. Es können entweder die Brut oder die ausgewachsenen Bienen betroffen sein. Bienen werden auch von bestimmten Parasiten befallen, darunter die gefürchteten *Varroa*-Milben, die ganze Bienenvölker vernichten. Bei den Räubern bereitet den Imkern vor allem die Asiatische Hornisse (*Vespa velutina*) große Sorgen. Sie breitet sich in Europa zunehmend aus. Aber auch ein Neuankömmling, der Kleine Beutenkäfer (*Aethina tumida*), stellt die Imker vor eine große Herausforderung.

Vorbeugen ist besser als heilen

Gut zu wissen
Keine einzige Bienenkrankheit ist auf den Menschen übertragbar. Trotzdem sollte man die Erkrankungen der Bienen nicht auf die leichte Schulter nehmen. Ernst zu nehmende Krankheiten können meldepflichtig sein.

In der Imkerei ist und bleibt Vorbeugung die beste Philosophie! Zwei goldene Regeln sollten Sie immer beherzigen: In der Beute muss Hygiene herrschen und die Nahrungsaufnahme der Bienen muss ständig überwacht werden. Das sind die besten Vorbeugungsmaßnahmen, um Beute, Bienenvolk und eingesetztes Material in einem gutem Zustand zu erhalten.

Vorbeugung bei Beute und Bienenvolk

Eine gute Hygiene in der Beute und im Bienenvolk setzt voraus, dass

- die Beuten einen sehr sonnigen Standort haben und auf keinen Fall an kalten oder feuchten Orten aufgestellt werden.
- die Tränken sauber gehalten werden und in der Sonne stehen, abseits von den Anflugbrettern, damit sie von den ausfliegenden Bienen nicht mit Kot verunreinigt werden.
- Sie mit Bienenstämmen arbeiten, die besonders auf ihre hygienischen Eigenschaften hin selektiert wurden. Zum Beispiel schaffen Bienen dieser Stämme tote Artgenossen und Larven immer schnellstens aus der Beute hinaus. Bei diesen Bienenvölkern bleibt die Bodenplatte der Beute daher stets sauber.
- Sie nur starke Völker besitzen.

Drei goldene Regeln
- Bienen tragen oft Krankheitserreger, ohne selbst zu erkranken. Es sind weitere Faktoren nötig, um den Ausbruch der Krankheit zu begünstigen.
- Antibiotika sind in der Europäischen Union in der Imkerei verboten.
- Virus- und Pilzerkrankungen rechtfertigen keine chemische Behandlung. Die einzigen möglichen Maßnahmen sind: Austausch der Königin, Gabe proteinhaltigen Sirups, Verbesserung der Pflege.

Gesunde Brut.

Kranke Brut: leere Brutzellen, tote Larven, ausgetrocknete Larven.

Vorbeugung beim Material

Durch verunreinigtes Material können schwerwiegende Gesundheitsprobleme entstehen. Um ihnen vorzubeugen, sollten Sie

- bei Ihrer Frühjahrsdurchsicht die Bodenplatten der Beuten grundsätzlich austauschen;
- die Zargen mindestens alle zwei bis drei Jahre austauschen – und in jedem Fall, wenn ein Bienenvolk erkrankt gewesen ist;
- nach jeder Inspektion einer Beute den Stockmeißel mit der Lötlampe desinfizieren;
- nach jeder Inspektion einer Beute Ihre Handschuhe desinfizieren;
- Ihre Kleidung jeden Monat desinfizieren, wenn Sie ihre Beuten wöchentlich inspizieren;
- zur Desinfektion eine Lötlampe verwenden, sofern das zu desinfizierende Material das aushält;
- Plastikteile nach dem Abkratzen zum Beispiel mit Sodalösung oder Chlorwasser desinfizieren.

Desinfektion des Stockmeißels.

Sterilisation einer Zarge mit der Flamme einer Lötlampe.

Reinigung der Bodenplatten mit einem Hochdruckreiniger.

Einweichen und Abbürsten in einer Sodalösung oder in Chlorwasser.

Merkzettel
- Erkrankung der offenen Brut.
- Wegen des Geruchs wird die Erkrankung auch als Sauerbrut bezeichnet.

Europäische Faulbrut

Die Europäische Faulbrut tritt häufig im Frühling auf, oft in zahlenmäßig schwachen Bienenvölkern, bei denen ein Ungleichgewicht zwischen den unterschiedlichen Kasten der Bienen auftritt und die aufgrund dieser Tatsache an Nahrungsmangel leiden.

Krankheitsbild

- Beim Öffnen der Beute schlägt Ihnen ein scharfer, sehr säuerlicher Geruch entgegen.
- Wenig unregelmäßig verteilte Brut; offene Zellen mit Larven jeglichen Alters.
- In den offenen Zellen finden sich gelbliche, verwesende Larven.
- Mithilfe eines Streichholzes oder eines Zahnstochers lässt sich die Larve herausheben, ohne an den Wabenwänden festzukleben (im Gegensatz zur Amerikanischen Faulbrut).

Die Larve klebt nicht fest.

Mögliche Ursachen

- Ungünstige Wetterverhältnisse zum Nektarsammeln zum Zeitpunkt, an dem sich die Brut entwickelt.
- Proteinmangel.
- Das Bienenvolk ist geschwächt, weil der Imker zu einem ungünstigen Zeitpunkt eingegriffen hat (durch Entnahme der Bruträhmchen, künstliche Schwarmbildung gefolgt von einer Kälteperiode und/oder keinem Pollenaufkommen).
- Schwächung durch *Varroa*-Milben.
- Es kommen mehrere Erreger infrage: allen voran *Melissococcus plutonius*, gefolgt von *Paenibacillus alvei, Enterococcus faecalis* und andere.

Maßnahmen

- Zuerst sind alle Rähmchen mit erkrankter Brut zu vernichten.
- Ernähren Sie danach über mehrere Tage hinweg das Bienenvolk reichlich mit einem Liter eines proteinhaltigen Sirups (2% gefriergetrocknete Bierhefe) – das reicht oft schon als Maßnahme aus.
- Sollte das Problem weiterhin bestehen, dann vernichten Sie das erkrankte Bienenvolk.
- Desinfizieren Sie sorgfältig alle Elemente der Beute.
- Verbrennen Sie alle Rähmchen.

Amerikanische Faulbrut

Die Amerikanische Faulbrut ist eine sehr schwere Erkrankung, die zuerst die Bienenvölker und dann die Beuten zerstört. Mit dieser Krankheit wird wahrscheinlich jeder Imker eines Tages Bekanntschaft machen. Die Sporen dieses Erregers überdauern 40 Jahre.

Merkzettel

- Erkrankung der verschlossenen Brut.
- In Deutschland und Österreich anzeigepflichtige, in der Schweiz meldepflichtige Krankheit.

Krankheitsbild

- Beim Öffnen der Beute kommt einem der Geruch von Fischleim und Ammoniak entgegen.
- Auf den Rähmchen ist die Brut völlig unregelmäßig angeordnet. Die Deckel auf den Zellen der erkrankten Larven stehen offen und sind in sich zusammengesunken.
- Wird die Larve mit einem Streichholz oder Zahnstocher aus der Zelle herausgezogen, dann klebt sie an den Wänden der Zelle fest und zieht einen bis zu 3 cm langen Faden nach.

Mögliche Ursachen

- Übertragung der Krankheit durch Bienen, die ein erkranktes Bienenvolk geplündert haben.
- Einschleppung der Krankheit über den Stockmeißel des Imkers.
- Gelegentliche Verwendung von nicht desinfizierten Beuten, die mit den Erregern der Krankheit in Berührung gekommen sind.
- Proteinmangel.
- Das Bienenvolk ist geschwächt, weil der Imker zu einem ungünstigen Zeitpunkt eingegriffen hat (durch Entnahme der Bruträhmchen, künstliche Schwarmbildung gefolgt von einer Kälteperiode und/oder keinem Pollenaufkommen).
- Als Erreger kommt ausschließlich *Paenibacillus larvae* in Frage.

Maßnahmen

- Sofortige Eliminierung des erkrankten Bienenvolks.
- Als vorbeugende Maßnahme verabreichen Sie Ihren anderen Bienenvölkern einen proteinhaltigen Sirup, um sie zu stärken.
- Äußerst sorgfältige Desinfizierung sämtlichen Materials, einschließlich der Kleidung des Imkers.

Beim Test mit dem Streichholz zieht sich ein Faden.

Merkzettel
Erkrankung der offenen Brut.

Pilzerkrankungen

Pilzerkrankungen oder Mykosen verlaufen zwar nicht tödlich, gehen jedoch zulasten der Honigproduktion. In der Tat bewirkt die Entvölkerung, die als Folge des Absterbens der Brut auftritt, dass keine Ernte möglich ist.

Krankheitsbild

- In den Zellen abgestorbene Larven, gelb, später weiß und mit einem Flaum bedeckt, danach grau mit schwarzen Punkten.
- Zahlreiche Larven, die von den Bienen aus ihren Zellen herausgeholt wurden und die sich jetzt unten in der Beute befinden.
- Brut mit vielen leeren Zellen.

Von Pilzen befallene Larven unter einer vergitterten Bodenplatte.

Mögliche Ursachen

- Pilze, die sich bei einem geschwächten Bienenvolk und in einer feuchten, kalten Umgebung verbreiten konnten.
- Eine Bienenrasse, die für diese Pilzerkrankungen anfällig ist.

Maßnahmen

- Setzen Sie die Beute um, falls mehrere Bienenvölker betroffen sind.
- Wechseln Sie die Königin beziehungsweise die Königinnen aus und ersetzen Sie sie durch Königinnen, die von einem professionellen Züchter stammen, um die genetische Veranlagung des Bienenvolks zu ändern.
- Vernichten Sie sämtliche Rähmchen durch Verbrennen und ersetzen Sie sie durch neue Baurähmchen.
- Fördern Sie die Eiablage der neuen Königin, indem Sie mindestens zwei Monate lang füttern.

Diese Maßnahmen sind nur möglich, wenn das Bienenvolk noch stark genug ist, um Waben auszubauen und eine erneute Aufzucht der Brut zu übernehmen – das heißt, vor Juli. Später bleibt nur die Vernichtung des Volks.

Verwandte Erkrankungen

Ähnlich wirken sich Viruserkrankungen aus, die die Brut befallen. Es gibt weder Medikamente noch irgendwelche wirksamen Maßnahmen dagegen, sodass die Bienenvölker verloren sind.

Erfrorene Brut

Merkzettel
Betrifft die offene Brut.

Bei einer erfrorenen Brut handelt es sich nicht um eine Krankheit. Es liegt zu viel offene Brut vor, sodass das Volk überfordert ist. Es kann sie nicht mehr warm halten und lässt sie in einer kalten Nacht im Stich.

Krankheitsbild

Zu Beginn des Frühjahrs findet man eines Morgens tote Larven auf dem Anflugbrett, die von den Bienen nach draußen geschafft wurden. Das kommt meistens in Völkern vor, deren Königin viele Eier legt. Die Brut nimmt einen solchen Umfang an, dass die Bienen von ihrer Anzahl her nicht mehr in der Lage sind, sie warm genug zu halten.

Die Kälte der Nacht veranlasst die Bienen dazu, sich um die verdeckelte Brut zu versammeln, um sie warm zu halten und um sich gegenseitig Wärme zu spenden. Die verlassene offene Brut erfriert. Sie wird von den Bienen am nächsten Morgen aus der Beute heraustransportiert.

Maßnahmen

Einsteiger beunruhigt dieses Phänomen, weil sie sich angesichts der abgestorbenen Brut Sorgen machen. Tatsächlich handelt es sich aber um einen natürlichen Vorgang. Es gibt keine spezielle Maßnahme, die man dagegen ergreifen kann.

Larven werden nach einer kalten Nacht aus der Beute herausgeschafft.

Gut zu wissen
Eine erfrorene Brut deutet auf ein eher gesundes Bienenvolk hin, da sie der Hinweis auf eine starke Vermehrung ist.

Merkzettel
- Erkrankung von ausgewachsenen Bienen.
- Vermutlich verstärkt die Belastung mit Pestiziden das Erkrankungsrisiko.

Nosemose

Es handelt sich bei den Erregern um Sporentierchen, die sich in der Darmwand ausgewachsener Bienen entwickeln. Die tödlich verlaufende Krankheit wird wohl von bestimmten systemischen Insektiziden (Neonikotinoide) gefördert. Es sind zwei Erregerarten bekannt. *Nosema apis* hat ein sichtbares Krankheitsbild. Bei *Nosema ceranae* ist die Erkennung schwierig, da ein präzises Krankheitsbild fehlt und nur eine starke Entvölkerung auftritt.

Krankheitsbild

- Zungenförmig abgelagerte Exkremente auf der Vorderseite der Beute.
- Zungenförmig abgelagerte Exkremente oben auf den Rähmchen.
- Langsam umherkriechende Bienen, die durch einen aufgedunsenen Leib auffallen.
- Untersucht man den aus dem Adomen (Hinterleib) der Biene präparierten Darm, so erscheint er milchig, während er im Normalfall vollkommen klar und transparent ist.

Verdacht auf Nosemose.

Verdacht auf Nosemose besteht, wenn ungewöhnliche Ausscheidungen auf der Oberseite der Rähmchen auftreten.

Mögliche Ursachen

- Geschwächter Darm durch die Aufnahme von Nektartrachten, die reich an für die Bienen unverdaulichen Mineralsalzen sind.
- Lange, kalte Winter, in denen die Bienen ihre Exkremente zu lange im Darm behalten müssen.
- Verletzungen der Darmwand, hervorgerufen durch bestimmte Insektizide, begünstigen die Entwicklung von Nosemose-Sporen.

Maßnahmen

Es gibt nur eine wirksame Maßnahme, und die besteht darin, der Krankheit vorzubeugen.

- Säuern Sie den Futtersirup durch Zugabe von 10 bis 15 ml Essig pro Liter Sirup an, um ihn an den pH-Wert von Nektar anzugleichen.
- Fügen Sie dem Sirup oder dem Futterteig Proteine sowie Nahrungsergänzungsmittel oder einen Sud aus Propolis in Alkohol hinzu, wie es auf Seite 101 beschrieben worden ist.

Beim Auftreten der Nosemose vernichten Sie sofort alle betroffenen Bienenvölker und verbrennen Sie sämtliche Rähmchen, die mit diesen Bienen in Kontakt gestanden haben.

Virus-Erkrankungen

Von Viren wird eine ganze Reihe von Erkrankungen hervorgerufen, gegen die man sowohl in Bezug auf Vorbeugung als auch Behandlung machtlos ist. Zu diesen Erkrankungen zählen die Mai- und die auch als Waldtrachtkrankheit bezeichnete Schwarzsucht, das Akute-Bienen-Paralyse-Virus und das Flügeldeformations-Virus. Es ist nicht immer ganz klar, ob ein Virus oder verschiedene andere Faktoren beim Auftreten dieser Krankheiten von Bedeutung sind.

Merkzettel
Virus-Erkrankungen betreffen ausgewachsene Bienen und Larven.

Krankheitsbild

- Auf dem Boden umherkrabbelnde Bienen, die nicht mehr fliegen können und sich daher an Gräsern festklammern.
- Vor der Beute zitternde Bienen.
- Andere Bienen stellen ihre Flügel in Ruhestellung rechtwinklig vom Körper ab oder stellen sie auf. Oder die Bienen weisen verkrüppelte Flügel auf, die sich während der Verpuppung nicht richtig ausgebildet haben.
- Die Bienenvölker sterben ab oder überleben sehr geschwächt.

Aktuelle Ursache

Das vermehrte Auftreten von Virus-Erkrankungen steht möglicherweise im Zusammenhang mit einer chronischen Schwächung der Bienenvölker. Die Königinnen, die das Virus in sich tragen, können es auch auf ihre Nachkommenschaft übertragen.

Schwarzsucht oder Waldtrachtkrankheit.

Maßnahmen

- Eine rigorose Behandlung gegen *Varroa* kann die Auswirkungen vieler Virosen einschränken.
- Als begleitende Maßnahme sollten Sie mit pflanzlichen Eiweißen angereicherten Sirup oder spezielle Nahrungsergänzungsmittel für Bienen verabreichen.
- Bei den ausgestorbenen Bienenvölkern verbrennen Sie die Rähmchen und desinfizieren Sie die Beuten vollständig.
- Bisweilen ist ein Auswechseln der Königin sinnvoll.

Die verkümmerten Flügel werden durch ein mit der *Varroa*-Milbe übertragenes Virus hervorgerufen.

Merkzettel
Erkrankungen der ausgewachsenen Bienen, seltener der Brut.

Vergiftungen

Die Ursache von Vergiftungen sind chemische Stoffe, die beim Nektarsammeln aufgenommen werden. Akute Vergiftungen sind aufgetreten, als man mit dem Einsatz von DDT und organischen Chlor- und Phosphorverbindungen begonnen hat. Heutige Vergiftungen wirken sich subtiler aus. Entweder kehren die Bienen nicht in ihre Beute zurück oder ihre Lebenserwartung verkürzt sich. Sie können auch sehr anfällig für Krankheiten werden.

Krankheitsbild

- Akute Vergiftungen machen sich durch große Mengen toter Bienen auf der Vorderseite der Beute und zwischen den Rähmchen bemerkbar, deren Zungen heraushängen. Wenn Sie der Sache auf den Grund gehen wollen, können Sie Probenmaterial untersuchen lassen. Adressen bekommen Sie zum Beispiel beim Deutschen Imkerbund e. V. Sie können sich auch an Ihren lokalen Verein wenden.
- Latente Vergiftungen können zu erheblichen Sterblichkeitsraten während des Winters oder dauerhaft geschwächten Völkern führen. Das sind allgemeine Symptome, die zahlreiche Ursachen haben können, sodass diese Art der Vergiftung in der Praxis kaum nachzuweisen ist.

Tote Biene auf dem Abflugbrett: Die heraushängende Zunge deutet auf eine Vergiftung hin.

Mögliche Ursache

Fast ausschließlich Pestizide aus der Landwirtschaft.

Maßnahmen

- Umsiedelung der Beuten in Bereiche, in denen sie den verursachenden Pestiziden in geringerem Maße ausgesetzt sind.
- Frühzeitige Erneuerung (ab Januar) der Bienenvölker durch Verfüttern von proteinhaltigem Futterteig, der die Eiablage der Königin fördert. Auf diese Weise werden kräftige Bienen herangezogen.
- Beendigung des Pestizideinsatzes in der Umgebung. Das Erreichen eines Verbots setzt allerdings in den meisten Fällen aufwendige Gerichtsverfahren voraus.

Varroa

Varroa destructor ist eine Milbe, die 1980 nach Europa kam. Ursprünglich stammt sie aus Asien. Sie ist der einzige Parasit, der den Imkern wirklich Sorgen bereitet. Andere wie beispielsweise *Acarapis woodi* (Acariose der Atemwege) und *Braula caeca* – eine Bienenlaus – wurden durch die üblichen Behandlungen gegen *Varroa* bereits vernichtet.

Merkzettel

Parasit der ausgewachsenen Biene und der Larve. In Österreich anzeige- und in der Schweiz meldepflichtig.

Varroa befällt schon die Larven

Die Milbe paart sich auf den Bienenlarven, legt dort ihre Eier und die Milbenlarven schlüpfen in der Zelle. Das *Varroa*-Weibchen durchbohrt die Bauchdecke der Bienenlarve, um sich selbst und seine Nachkommenschaft zu ernähren. Dieses Loch verheilt nicht, sodass die Biene mit einer Wunde zur Welt kommt, die sie ihr Leben lang schwächt.

Durchschnittlich tragen 100 frisch geschlüpfte Bienen 225 *Varroa*-Milben auf sich. Deren Lebensdauer ist überdies um einiges größer (rund 90 Tage) als die einer Biene (40 Tage) in der warmen Jahreszeit. So ist der Parasit den Bienen haushoch überlegen.

Varroa-Weibchen auf einer Arbeiterinnen-Larve.

Schlüpfende Biene mit einer *Varroa*-Milbe auf dem Thorax.

Lebenszyklus der Varroa-Milben

Wenn eine Ammenbiene, die *Varroa*-Milben trägt, den Futterbrei auf einer Bienenlarve der Brut deponiert, dann verlässt das *Varroa*-Weibchen die Arbeiterin und versteckt sich unter der Larve. Daher befindet sich in der Brutsaison der größte Teil der *Varroa*-Milben in den Brutzellen. Ab Juli – wenn die Vermehrung der Bienen nachlässt – sind die *Varroa*-Milben größtenteils auf den Bienen zu beobachten, da sie nun weniger Gelegenheit zur Fortpflanzung haben. Die erhöhte Sterblichkeitsrate in den Bienenvölkern, die man im Juli und August beobachten kann, steht im Zusammenhang mit diesem massiven Befall der ausgewachsenen Bienen.

Varroa-Milbe auf dem Thorax einer Biene.

Biene, die eine *Varroa*-Milbe auf sich trägt. Die verkümmerten Flügel sind auf von der Milbe übertragene Viren zurückzuführen.

Waben mit männlichen Larven, die unter den in die Zarge eingesetzten Rähmchen gebaut wurden.

Auswirkungen des Befalls

Varroa-Milben schwächen unsere Bienen auf zweierlei Art:

- Sie nehmen Hämolymphe auf, die sie durch die Löcher aufsaugen, die sie in den Bauch der Biene gestochen haben.
- Durch diese Wunden gelangen Viren, Bakterien und Pilze in die Biene.

Durch den Entzug der Proteine aus ihrem Körper wird die Biene anfällig für Krankheiten, ihre Lebenserwartung wird kürzer und ihr Arbeitseinsatz verschlechtert sich.

Maßnahmen

Gehen Sie zweigleisig vor:

- auf mechanische Art, indem Sie von April bis Juni die männliche Brut vernichten, die besonders von den Milben befallen wird;
- mit einer chemischen Behandlung, sobald die Honigernte vorüber ist.

Mechanisches Vorgehen

Führen Sie diese Aktion bei Ihrer Frühjahrsdurchsicht durch.

- Setzen Sie auf jeder Seite des Brutnests ein bereits bebautes Rähmchen ein.
- Bei der Erweiterung des Bienenvolks bauen die Bienen unter diesen Rähmchen überzählige Waben, die größtenteils mit Zellen männlicher Larven belegt sind, die von den Milben bevorzugt werden. Vernichten Sie diese Zellen.
- Wiederholen Sie diese Aktion drei Wochen später, danach noch ein weiteres Mal. Durch dieses wiederholte Vorgehen wird die Bedrohung durch *Varroa* effektiv verringert.

Gut zu wissen

- Wenn ein Honigraum vorhanden ist, darf keine chemische Behandlung durchgeführt werden.
- Chemische Produkte dürfen nur von Juli bis Dezember und zum Ende des Winters eingesetzt werden.

Chemisches Vorgehen

Ausrüstung

Ätherische Öle oder Ameisensäure[1] (Produkte für die Beute), danach langfristige Behandung (Kontaktprodukte).

- Im Juli behandeln Sie die Beute, sodass die Anzahl der auf den Bienen vorhandenen Milben zurückgeht.
- Im September wenden Sie ein Kontaktprodukt in unmittelbarer Nähe der Brut an. Diese sind in Form von Plastikstreifen erhältlich, die mit einem Anti-Milbenmittel imprägniert sind. Die jungen Bienen kommen nach dem Schlupf damit in Kontakt, ebenso wie alle anderen Bienen des Volks. Die Behandlung kann unabhängig von den Umweltbedingungen durchgeführt werden und ist langfristig wirksam – sogar in der kalten Jahreszeit. Das Mittel entfaltet seine Wirkung langsam.

Fünf goldene Regeln für eine wirksame Varroa-Bekämpfung

- Verwenden Sie nur zugelassene Produkte und beachten Sie genau, was in den Beipackzetteln steht, selbst wenn die Anwendung komplex ist. Beachten Sie vor allem, wie lang nach der Anwendung kein Honig geerntet werden darf.
- Vermerken Sie im Bestandsbuch genau alle durchgeführten Behandlungen, die Namen der Produkte, die Chargennummern, die Daten der Anwendung und die Mengen.
- Seien Sie sich darüber im Klaren, dass die verschiedenen Vorgehensweisen, die Sie im Internet als Alternative zu den offiziell empfohlenen Produkten finden, oft nur begrenzt wirksam sind.
- Verfolgen Sie aufmerksam die Entwicklung der Behandlungsmethoden – sie entwickeln sich ständig weiter.

Einsetzen eines Anti-*Varroa*-Streifens in eine Beute.

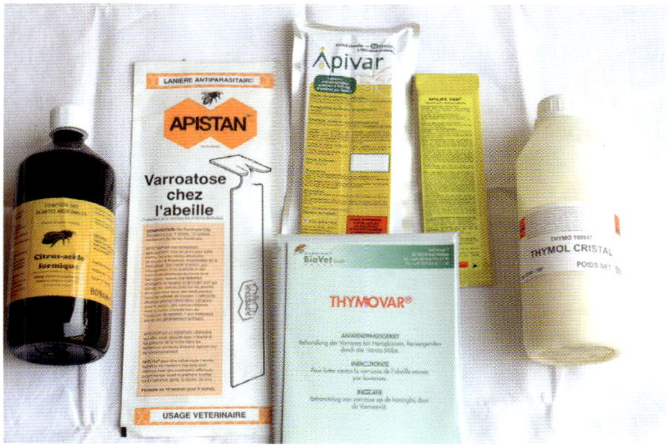

Produkte zur Bekämpfung von *Varroa*.

1) Eine Behandlung mit Produkten für die Beute ist nur bedingt wirksam. Sie ist jedoch notwendig, damit der Milbenbefall nicht überhandnimmt.

Merkzettel

- Der Kleine Beutenkäfer legt seine Eier in den Beuten ab.
- Nur kräftige Bienenvölker können sich gegen ihn zur Wehr setzen.

Kleiner Beutenkäfer

Der Kleine Beutenkäfer (*Aethina tumida*), der 2014 nach Portugal und Italien eingeschleppt wurde, legt seine Eier in den Beuten ab. Die Larven fressen die Honigwaben und verlassen die Beute, um sich im Boden zu verpuppen. Der Käfer kann sich auch auf reifen Früchten fortpflanzen, denn er ist nicht auf Beuten festgelegt. Er verströmt einen Geruch nach verfaulten Orangen, der Honig ist nicht mehr essbar und die Bienenvölker sterben. Der Käfer benötigt zur Vermehrung Wärme und Feuchtigkeit. Er verträgt keinen Frost.

Vorbeugung

- Lassen Sie niemals Honigwaben oder Abfälle im Freien liegen.
- Lassen Sie nicht mehr benötigte Zargen von den Bienen reinigen und schwefeln Sie sie dann, damit sich der Käfer dort nicht vermehren kann.
- Desinfizieren Sie die Zargen mit der Lötlampe, ebenso die kontaminierten Beuten vor Ort.
- Überprüfen Sie den Honigraum, den der Käfer besonders gern befällt.
- Arbeiten Sie ausschließlich mit kräftigen Bienenvölkern.

Nachweis des Kleinen Beutenkäfers.

Fressfeinde der Bienen

Den Bienen wird von zahlreichen Räubern nachgestellt, wie beispielsweise dem Bienenfresser, der Europäischen Hornisse, dem Totenkopfschwärmer, den Eidechsen, Spitzmäusen und Ameisen Sie alle stellen für die Bienenvölker jedoch keine größere Gefahr dar. Der Grünspecht und vor allem die Asiatische Hornisse können jedoch unter den Bienen große Schäden anrichten.

Der Grünspecht

Der Grünspecht ist nur lästig, wenn draußen Frost herrscht. Da er seine gewohnte Nahrung dann nicht mehr findet, hämmert er mit dem Schnabel Löcher in die Beuten und holt die Bienen heraus.

Maßnahme

Schützen Sie Ihre Beuten mit Netzen, um den Grünspecht auszusperren.

Schutzvorrichtung gegen den Grünspecht.

Die Asiatische Hornisse

Die im Vergleich zur Europäischen Hornisse (*Vespa crabra*) etwas kleinere Asiatische Hornisse (*Vespa velutina*) legt sich bewegungslos oberhalb des Fluglochs auf die Lauer. Dann stürzt sie sich auf die Bienen, trennt ihnen Kopf und Hinterleib ab, zieht die Muskeln aus dem Brustabschnitt heraus und bringt sie ihren Larven als Nahrung. Sie kann ein Bienenvolk auf diese Weise ausrotten.

Die Hornisse ist wohl ab 2004 im Südosten Frankreichs aufgetreten und 2014 auch in Deutschland nachgewiesen worden. Sie verbreitet sich nicht in jedem Gebiet gleich gut, da sie sehr empfindlich auf Temperatur und Luftfeuchtigkeit reagiert.

Das Nest befindet sich in den Wipfeln großer Bäume. Es ist bis zu 1 m hoch und misst bis zu 80 cm im Umfang. *Vespa velutina* ist ab einer Entfernung von 5 m vom Nest kaum aggressiv, sodass sie nur selten bemerkt wird.

Links die Europäische Hornisse, rechts die Asiatische. Man kann die Arten anhand ihrer Größe gut unterscheiden.

Maßnahmen

- Aufstellen von Fallen in den Beuten ab Juli (siehe dazu spezielle Internetseiten und Fachzeitschriften).
- Systematische Zerstörung der aufgefundenen Nester, auch im Herbst. Auf diese Weise wird gleich ein Teil der zukünftigen Nestgründerinnen zerstört, die sich noch dort befinden.
- Informieren Sie sich über die Verbreitung der Asiatischen Hornisse und ihre Bekämpfung. In Frankreich gibt es bereits Schädlingsbekämpfer, die sich auf diese Hornisse spezialisiert haben.

Abtöten eines Bienenvolks

Bienenvölker, die von Faulbrut oder Mykosen befallen oder Nosemose-Überträger sind, müssen abgetötet werden. Eine Eliminierung kann aber ebenso bei besonders aggressiven Völkern notwendig sein.

Ausrüstung
Eine leere Zarge, eine Konservendose, ein Schwefelfaden.

Schritt 1
Stellen Sie auf den Brutraum eine leere Zarge mit Rähmchen und setzen Sie den Innendeckel darauf. Verschließen Sie eine vergitterte Bodenplatte (Karton, Alufolie, Sperrholzplatte).

Schritt 2
Nach Einbruch der Dunkelheit dichten Sie das Flugloch ab (feuchtes Zeitungspapier, Schaumstoff). Entzünden Sie einen Schwefelfaden in einer Konservendose und stellen Sie diese oben auf die Rähmchen. Verschließen Sie die Beute mit einem Blechdach.

Schritt 3
Am nächsten Morgen wiederholen Sie den Vorgang, wenn noch sehr viele Bienen am Leben sind.

Schritt 4
Verbrennen Sie die Rähmchen und die toten Bienen. Danach vergraben Sie die Asche.

Gut zu wissen
Krankes Bienenvolk: Verbrennen Sie alles und vergraben Sie die Asche.
Gesundes, aber aggressives Bienenvolk: Verbrennen Sie sämtliche Bruträhmchen und die toten Bienen. Die Honig- und Pollenrähmchen können Sie an andere Bienenvölker weitergeben.

Beugen Sie dem Schwärmen vor

Das Schwärmen ist ein natürlicher Vorgang, durch den sich ein Bienenvolk fortpflanzt. Dabei teilt es sich in zwei Völker. Die alte Königin zieht mit einem Teil des Volks aus und überlässt ihren Platz einer jungen Königin, die den Rest des Volks sowie die Brut übernimmt. Für den Imker bedeutet das eine Katastrophe. Der Schwarm, der mit der alten Königin auszieht, nimmt nämlich einen großen Teil des Honigs mit. Somit ist die Honigernte in Gefahr.

Was müssen Sie über das Schwärmen wissen?

Das Schwärmen findet von Ende März bis Ende Juni (auch noch Juli) statt, wobei der Höhepunkt in den Monaten April und Mai erreicht wird. Der Schwarm fliegt meist am Nachmittag aus.

Was ist der Grund für das Schwärmen?

Eine ganze Reihe von Gründen sind Auslöser für das Schwärmen:

- Das Bienenvolk ist den Pheromonen (Geruchsstoffe mit Hormonwirkung) der Königin weniger ausgesetzt als normal (alte Königin oder ein sehr großes Volk).
- Es herrscht ein Überangebot an Ammenbienen und ein Mangel an Larven, die das von den Ammenbienen produzierte Gelée royale fressen. Die Bienen erstellen daher eine Weiselzelle und füttern die Larve darin mit Gelée royale. Dadurch entsteht eine neue Königin.
- Die Eiablage im Bienenvolk kommt zum Erliegen. Der Grund dafür ist entweder ein Überangebot an Nektar, das das Brutnest überschwemmt, sodass die Königin dort keine Eier mehr ablegen kann. Ein Überangebot an Pollen in den ans Brutnest angrenzenden Rähmchen kann dazu führen, dass die Königin nicht mehr auf das nächste Rähmchen gelangen kann. Auch in diesem Fall kann sie keine Eier ablegen.

Die Weiselzelle dient der Aufzucht einer neuen Königin. Nun beginnt allmählich die Zeit des Schwärmens.

Hier finden sich Weiselzellen – das Schwärmen steht kurz bevor!

Welche Anzeichen deuten auf ein Schwärmen hin?

Mit etwas Erfahrung können Sie die Anzeichen für ein anstehendes Schwärmen erkennen:

- Es gibt viele Weiselzellen (Königinnenzellen, die in der Form an eine Erdnuss erinnern).
- Die Fläche, die die offene Brut einnimmt, ist kleiner als die der verdeckelten Brut.
- Die Königin stellt aus Platzmangel die Eiablage ein.
- Die Blüte bestimmter Trachten (zum Beispiel Kerbel, Butterblume, Ginster und Weißdorn) kündigt den Beginn des Schwärmens an. Notieren Sie sich in jedem Jahr, welche Blütezeit dem Schwärmen vorangeht. Diese Pflanzen werden Ihnen dann als Alarmsignal dienen.

Wie lässt sich das Schwärmen verhindern?

Der Imker muss die ersten Anzeichen des Schwärmens erkennen können, wenn er es noch rechtzeitig verhindern will. Im Folgenden werden die wichtigsten Anzeichen aufgelistet.

- Nicht verschlossene Königinnenzellen sind in großer Zahl zu finden – alle mit einer Larve im Innern.
- Parallel dazu hat die Königin damit aufgehört, Eier zu legen, während eigentlich die Eiablage zu dieser Zeit in vollem Gange sein müsste.
- Der Wabenbau und das Sammeln von Nektar sind praktisch zum Erliegen gekommen.
- Wenn Sie verhindern wollen, dass ein Schwärmen ohne Ihr Wissen stattfindet, müssen Sie so viele Kunstschwärme bilden, wie es Rähmchen mit verschlossenen Königinnenzellen gibt. Diese Methode hat außerdem den Vorteil, dass Sie gleichzeitig Ihren Bestand vergrößern.
- Sollte Ihnen die Schaffung von Kunstschwärmen zu schwierig sein oder sollten Sie nicht den Wunsch haben, Ihren Bestand zu vergrößern, dann können Sie dem Volk auch einen Teil der Ammenbienen entnehmen (siehe S. 130).

Die Blüte der Glyzinie (Blauregen) markiert den Beginn des Schwärmens.

Welche Maßnahmen sind zur Vorbeugung möglich?

Sie sollten besonders darauf achten, dass

- für die Königin ständig Platz zur Eiablage zur Verfügung steht. Fügen Sie leere Rähmchen oder Baurähmchen zwischen die Brut und die Pollenrähmchen ein und entnehmen Sie dafür die gleiche Anzahl an vollen Honigrähmchen.
- Sie bereits frühzeitig zu Saisonbeginn einen Kunstschwarm bilden, wenn das Bienenvolk Ende März mehr als sechs Bruträhmchen belegt hat. Ein weiterer folgt im Lauf der Monate April bis Juni, ebenso nach Bedarf.
- Sie die Königin alle zwei Jahre auswechseln, da junge Königinnen viel weniger zum Schwärmen neigen.
- Sie Zuchtlinien auswählen, die einen schwachen Schwarmtrieb aufweisen.
- Sie systematisch die Königinnen, die aus wilden Schwärmen stammen, durch gezüchtete Exemplare ersetzen.
- Sie das Bienenvolk in den Monaten März und April nicht mit Sirup füttern.
- Sie die Honigräume lieber zu früh als zu spät aufsetzen, das heißt, sobald Sie zwischen den Oberseiten der Rähmchen weißes Wachs und Nektar schimmern sehen (siehe S. 136).

Worauf müssen Sie bei einem Kunstschwarm achten?

Sie haben einen Kunstschwarm erzeugt, um das Schwärmen eines Ihrer Bienenvölker zu verhindern. Wie Sie nun am besten mit ihm umgehen, lesen Sie hier.

- Füttern Sie in kleinen Mengen, aber kontinuierlich, das heißt zwei- bis dreimal pro Woche proteinhaltigen Sirup im Verhältnis 50 : 50. So wird eine konstante und harmonische Entwicklung des Bienenvolks gewährleistet. Verabreichen Sie jedesmal zwischen 250 und 500 ml Sirup, am besten gegen Abend, um eine Plünderung zu vermeiden.
- Eine Woche nach der Aktion überprüfen Sie, ob auf der Wabe mit der offenen Brut Königinnenzellen zu finden sind. Wenn keine vorhanden sind, dann kontrollieren Sie, ob Eier zu sehen sind (ein Zeichen, dass die Königin Eier legt). Sollten Sie weder Weiselzellen noch Eier entdecken, dann ist Ihr Kunstschwarm misslungen. Führen Sie ihn am besten mit einem schwachen Volk zusammen (siehe Seite 92), damit Sie keine Verluste an Bienen und Brut erleiden.
- Sie haben mehrere Kunstschwärme gebildet und werden feststellen, dass einige davon sich trotz regelmäßiger Zufütterung nicht mit der gleichen Geschwindigkeit entwickeln wie die anderen. In diesem Fall tauschen Sie zwei Beuten – stellen Sie eine Beute mit einem schwachen Volk an die Stelle einer Beute mit einem starken Volk. Die Sammlerinnen des starken Volks werden bei ihrer Heimkehr das schwache verstärken. Sammelbienen, die Nektar tragen, werden nämlich von jedem Bienenvolk akzeptiert.*
- Wenn sich einige Schwärme immer noch nicht so wie die restlichen entwickeln, dann stellen Sie ihnen ein Rähmchen mit verdeckelter Brut, aber ohne Bienen zur Verfügung, das aus einer starken Beute entstammt (ein mit Eiern gut bestücktes Bruträhmchen ergibt nach dem Schlupf genügend Bienen, um zweieinhalb Rähmchen zu besetzen).
- Ein Kunstschwarm, der sich trotz Ihrer Unterstützung nach drei Monaten immer noch nicht entwickelt hat, ist entweder krank (er muss dann vernichtet werden, siehe S. 120) oder seine Königin legt zu wenig Eier. Töten Sie sie und setzen Sie in die Beute eine Königin ein, die Eier legt. Sie können auch zwei Völker vereinigen.

Achten Sie darauf, dass Sie nichts vom Sirup neben den Futtertrichter schütten, sonst könnten Sie eine Plünderung hervorrufen.

*) Es ist daher üblich, eine starkes Bienenvolk durch ein schwaches zu ersetzen, um dem schwachen Sammlerinnen zuzuführen.

Inspektion eines Kunstschwarms. Die Königin muss gefunden und gekennzeichnet werden.

Bildung eines Kunstschwarms

Die Bildung eines Kunstschwarms ist eine der wirksamsten Methoden, um ein Schwärmen zu verhindern. Dabei können Sie minderwertige Linien vernichten und die besten Linien vermehren, die an die bei Ihnen herrschenden Verhältnisse angepasst sind.

Ausrüstung
Leerrähmchen, Baurähmchen, eine Beute oder ein Ablegerkasten.

Methode 1

Ohne Weiselzellen und Königin

- Nehmen Sie zu Beginn der Saison ein Rähmchen eines starken Bienenvolks mit verdeckelter Brut, eins mit offener Brut und Eiern (daraus werden die Weiselzellen hervorgehen) sowie ein Honigrähmchen, jeweils mit Bienen. Setzen Sie die Rähmchen in einen Ablegerkasten ein und fügen Sie noch zwei bebaute Rähmchen hinzu. Stoßen Sie darüber die Bienen des Bruträhmchens ab.
- Stellen Sie den Ablegerkasten mit geschlossenem Schieber für 48 Stunden in den Keller oder an einen dunklen Ort.
- Bringen Sie den Ablegerkasten an seinen Standort, öffnen Sie den Schieber und füttern Sie zwei- bis dreimal die Woche.
- Nach 25 Tagen überprüfen Sie die Eiablage der neuen Königin.

Eine Schwächung des ursprünglichen Volks lässt sich verhindern, indem Sie Rähmchen und Bienen aus drei verschiedenen Völkern entnehmen und ein Rähmchen mit geschlossener Brut hinzufügen, aus der schnell junge Bienen hervorgehen. Wenn sie das Volk regelmäßig füttern, wird es bis Ende Juni alle Rähmchen besetzen.

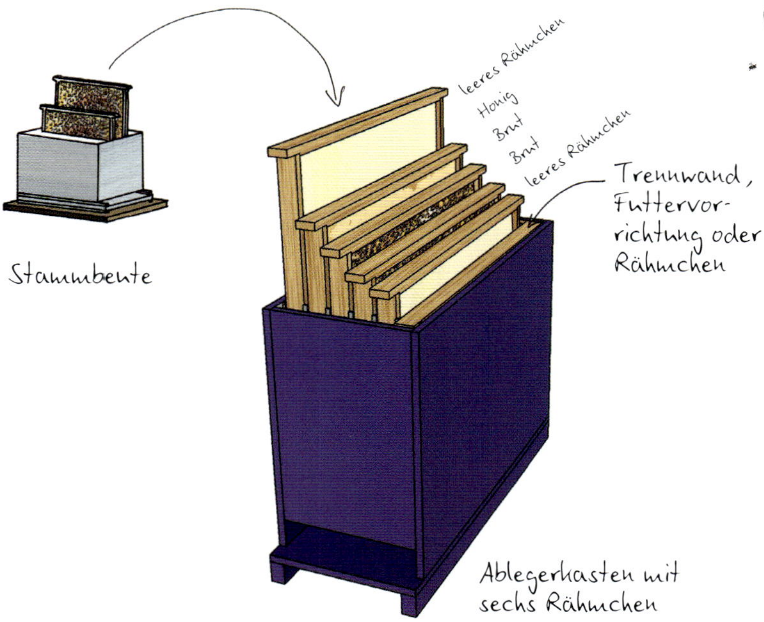

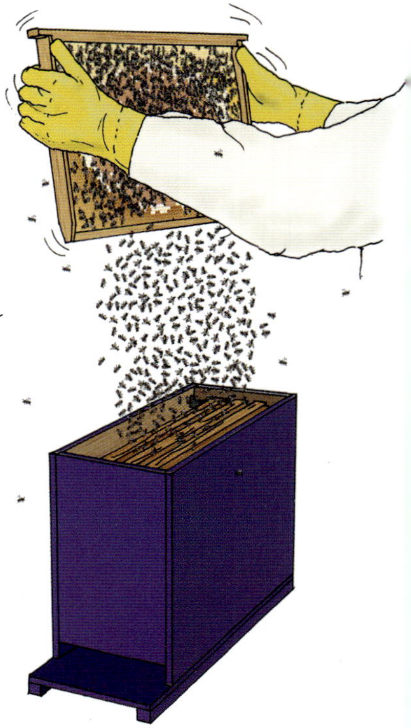

Methode 2
Mit verdeckelten Weiselzellen

Man geht wie oben beschrieben vor, setzt jedoch zwei Rähmchen mit verdeckelter Brut ein, von denen eins eine oder mehrere verdeckelte Weiselzellen aufweist (offene Brut ist überflüssig, da die Königinnenzellen ja bereits gebildet sind). Kontrollieren Sie die Eiablage der Königin nach 15 Tagen.

Weiselzellen auf einem Rähmchen.

Methode 3
Mit Weiselzellen, deren Königinnen kurz vor dem Schlupf stehen

Gehen Sie wie beschrieben vor, setzen Sie aber einzelne Weiselzellen ein, deren Königinnen kurz vor dem Schlupf stehen. Die Weiselzellen werden zwischen zwei Bruträhmchen möglichst nah an die oder gleich in die Brut eingesetzt. Überprüfen Sie die Eiablage der Königin nach zehn Tagen.

Rähmchen mit einer eingesetzten Weiselzelle.

Methode 4
Mit einer legenden Königin

Lesen Sie auch das Kapitel „Zusetzen einer Königin", S. 132. Bilden Sie ein Volk aus zwei Rähmchen mit verdeckelter Brut, Honig und Bienen. Überprüfen Sie die Eiablage der Königin eine Woche später.

Gut zu wissen

- Der Erfolg hängt davon ab, dass man möglichst viele Ammenbienen erhalten kann. Man stößt die auf den Rähmchen vorhandenen Bienen ab und/oder fügt ein Rähmchen mit verdeckelter Brut hinzu.
- Ein Risiko besteht darin, dass die mit den Rähmchen entnommenen Bienen, die zur Bildung des Volks nötig sind, zur Stammbeute zurückkehren. Daher sollten Sie das neue Bienenvolk 48 Stunden lang isolieren.
- Achten Sie darauf, nicht die Königin aus der Stammbeute zu nehmen (daher ist es wichtig, dass sie gekennzeichnet ist).

Kunstschwarm im Ablegerkasten.

Ausdünnung eines Bienenvolks

Das Ziel des Ausdünnens ist es, bei einem Bienenvolk, das zum Schwärmen neigt, die Zahl der Ammenbienen zu verringern.

Ausrüstung
Ein Ablegerkasten oder eine Beute, Baurähmchen.

Schritt 1

Setzen Sie in einen Ablegerkasten oder in eine leere Beute ein Bruträhmchen mit Eiern aus dem auszudünnenden Bienenvolk (wichtig, um eine Königin zu bekommen) und den Bienen. Außerdem fügen Sie noch ein Honigrähmchen mit Bienen hinzu. Entnehmen Sie aus anderen gesunden Beuten zwei Rähmchen mit verdeckelter Brut, aber ohne darauf befindliche Bienen.

Schritt 2

Besprühen Sie die Bienen, die sich auf vier bzw. fünf Bruträhmchen aus dem auszudünnenden Volk befinden, mit Wasser und stoßen Sie sie ab. Entfernen Sie die Königin. Stellen Sie diese neue Beute 48 Stunden lang in den Keller (oder an einen dunklen Ort). Danach stellen Sie sie wieder an ihren Ort und füttern die Bienen.

Tipp
Der Kunstschwarm verhindert das Schwärmen noch besser, wenn Sie die Beute mit dem neu gebildeten Volk an die Stelle der ursprünglichen Beute stellen. Diese stellen Sie in ungefähr 10 m Entfernung auf, sodass sie einen Teil ihrer Sammlerinnen zugunsten des neuen Volks einbüßt.

Zusetzen einer Königin

Zum Zusetzen einer Königin gibt es mehrere Methoden. Wir empfehlen das Zusetzen mit einem Zusetzkäfig. Die Königin, die Sie gekauft haben, wird in einem Plastikkäfig geliefert, der sich leicht zwischen zwei Rähmchen einsetzen lässt. In ihm befinden sich außer der Königin noch ungefähr zehn Bienen als Begleitung sowie ein Stück Futterteig, das als Verschluss dient und von den Bienen langsam ausgefressen werden kann. Es ist anfangs durch eine Lasche gesichert.

Ausrüstung
Zusetzkäfig, Futterteig.

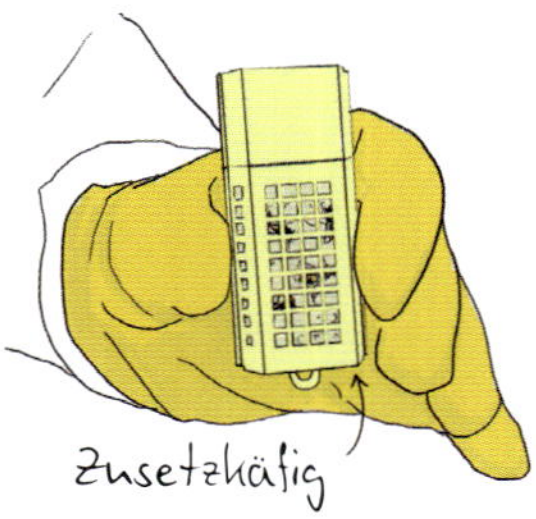

Schritt 1
Nehmen Sie alle Bienen außer der Königin aus dem Käfig.

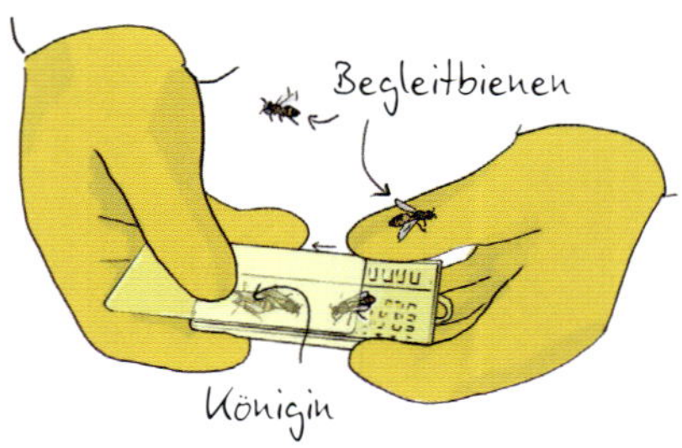

Schritt 2
Hängen Sie den Zusetzkäfig zwischen zwei Bruträhmchen in der Mitte mit einem Metalldraht auf. Schieben Sie die Rähmchen etwas zur Seite, um den Zugang zu erleichtern.

Schritt 3

Stellen Sie die Beute an einen anderen Platz, damit die Sammlerinnen desorientiert sind und ihre Beute nur mit Mühe wiederfinden. Sie sind die aggressivsten Bienen und könnten die Königin töten.

Schritt 4

Zwei oder drei Tage später muss der Käfig mit Bienen bedeckt sein. Entfernen Sie die Lasche, die den Zugang zum Futterteig nach außen versperrt. Hängen Sie den Zusetzkäfig wieder zwischen die beiden Bruträhmchen.

Schritt 5

Der Futterteig wird von den Bienen ausgefressen. Am nächsten Tag vergewissern Sie sich, dass die Königin frei auf den Rähmchen umherläuft.

Gut zu wissen

- Wenn die Beute einige Stunden lang keine Königin enthält, kann das Einsetzen der neuen sofort und ohne Probleme erfolgen.
- Wenn die Beute seit mehreren Tagen verwaist ist, dann inspizieren Sie die Bruträhmchen und vernichten Sie alle eventuell errichteten Weiselzellen.
- Wenn die Beute seit mehreren Wochen verwaist ist, ist die Gefahr sehr groß, dass die neue Königin zurückgewiesen wird. In diesem Fall ist die Zusammenführung von zwei Bienenvölkern vorzuziehen.

Eigenen Honig ernten

Der Honig, den Sie jedes Jahr ernten, ist das Produkt der Arbeit Ihrer Bienen, die sie mit Ihrer Unterstützung geleistet haben. Doch muss es auch genug Platz für den Honig geben. Das Hinzufügen von Honigräumen vergrößert das Volumen der Beute, ist die Antwort auf den höheren Platzbedarf und verkleinert das Risiko des Schwärmens.

Wann und wie stellen Sie Honigräume auf?

Wann stellen Sie Honigräume auf?

Wenn sie zu früh aufgestellt werden, dann strömt die warme Luft des Brutraums hinein, der sich dadurch abkühlt. Das führt dazu, dass die Königin in den Honigraum zu gelangen versucht, wo es wärmer ist.

Wenn sie zu spät aufgestellt werden, wird das Brutnest durch den reichlich eingebrachten Nektar so eingeengt, dass die Gefahr des Schwärmens besteht und obendrein keine Ernte stattfinden kann.

Oberseite einer Beute ohne weißes Wachs – hier muss noch kein Honigraum aufgesetzt werden.

Oberseite der Beute mit weißem Wachs und Nektar – hier muss dringend ein Honigraum aufgesetzt werden.

Sie sollten Honigräume hinzufügen,

- wenn die Zeit der großen Trachten beginnt (etwa Raps oder Akazie);
- wenn die Bienenvölker die zehn oder zwölf Rähmchen der Beute belegt haben;
- wenn die am Rand platzierten Leerrähmchen bereits bearbeitet werden;
- wenn auf der Oberseite der Rähmchen weißes Wachs und schimmernder Nektar zu erkennen sind;
- wenn die Kirschbäume in der Blüte stehen.

Mit der Zeit werden Sie charakteristische Blütezeiten als Anhaltspunkte erkennen.

Wie stellen Sie Honigräume auf?

Die Zargen werden auf die Bruträume oberhalb der Rähmchen gestellt.

- Legen Sie ein Absperrgitter auf den Brutraum, damit die Königin nicht in den Honigraum wandert. Der Honigraum wird nun auf den Brutraum gesetzt.
- Zum Schluss der Arbeit werden der Innendeckel und der Deckel der Beute aufgesetzt.

Stellen Sie möglichst zuerst einen Honigraum mit den Rähmchen der vorangegangenen Jahre auf. Ein zweiter Honigraum kann hinzugefügt werden, wenn der erste zu drei Vierteln voll ist.

Darüber oder darunter?

Soll man einen zweiten Honigraum über oder unter den ersten stellen? Im Idealfall müsste er unter dem ersten stehen. Sehr oft begnügt man sich jedoch damit, den zweiten Honigraum auf den ersten zu stellen, und teilt die leeren beziehungsweise vollen Rähmchen zwischen den beiden auf.

Dadant-Beute mit zehn Rähmchen, Absperrgitter und Honigräumen.

Das Absperrgitter auf dem Brutraum verhindert, dass die Königin in den Honigraum gelangt.

Desinfektion von Zargen

Zargen für Honigräume werden pro Saison nur mehrere Wochen lang verwendet. Man kann sie während der kalten Jahreszeit mühelos desinfizieren.

Ausrüstung
- 1. Option: Lötlampe, Farbe oder Leinöl, Terpentin, Chlorwasser
- 2. Option: mikrokristallines Wachs.

Option 1 (Schritt 1)
Desinfizieren Sie die Holzzargen mit der Flamme einer Lötlampe. Schaben Sie Wachs und Propolis ab. Kratzen Sie Plastikteile ab und besprühen Sie sie mehrmals mit Chlor- oder Sodawasser.

Option 1 (Schritt 2)

Streichen Sie die Holzteile sorgfältig mit Holzfarbe oder Leinöl (zwei Drittel), verdünnt mit Terpentin (ein Drittel).

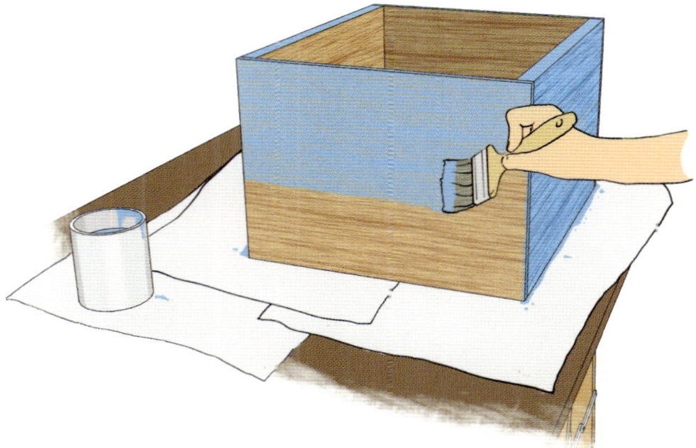

Option 2

Diese Methode eignet sich nur für erfahrene Imker. Verwenden Sie das mikrokristalline Wachs nur im Freien und halten Sie immer einen Feuerlöscher bereit (die Dämpfe sind leicht entzündlich). Verwenden Sie ein 110 mm starkes Beutendach und platzieren Sie es auf einem Brenner mit einstellbarer Leistung. Erhöhen Sie die Temperatur auf 130 °C. Stellen Sie jede Seite der Holzzargen zweimal fünf bis acht Minuten lang in die Flüssigkeit. Um Verbrennungsspuren an den Holzzargen zu vermeiden, fügen sie zwischen Holz und Blech ein Metallgitter ein.

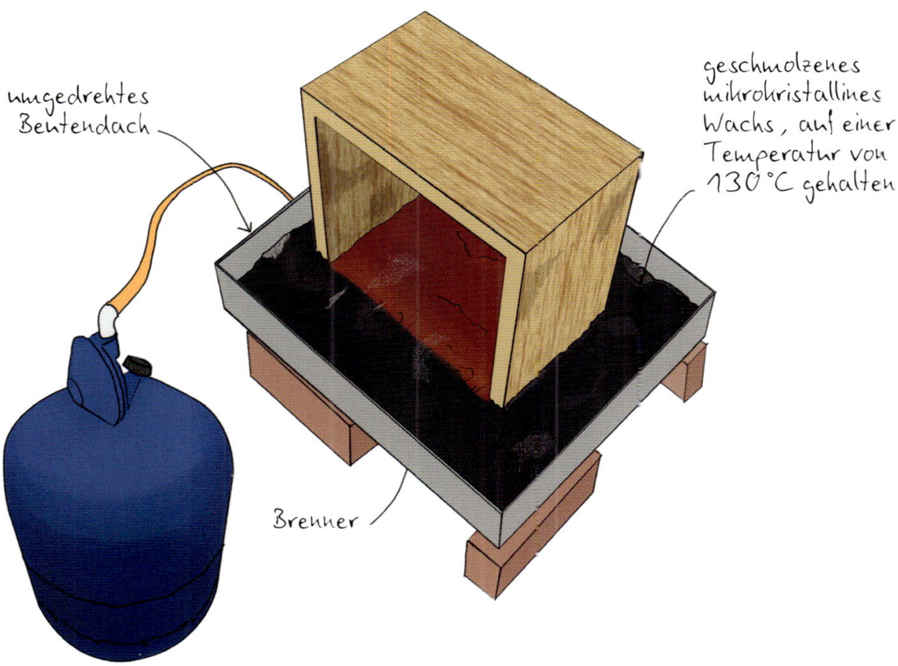

Schutz vor Wachsmotten

Die Larven der Wachsmotte, eines kleinen, grauen Schmetterlings, finden ihre Nahrung in den Pollenresten und den Abfällen, die die Brut hinterlässt. Sie zerstören die Waben vollkommen. Nach der Honigernte ist ihre Bekämpfung dringend erforderlich. Dafür gibt es mehrere Möglichkeiten. Wir empfehlen den Einsatz von Schwefeldioxid.

Ausrüstung
Schwefelfäden.

Schritt 1

Arbeiten Sie im Freien. Werfen Sie in einen leeren Korpus oder eine leere Zarge einen brennenden Schwefelfaden.

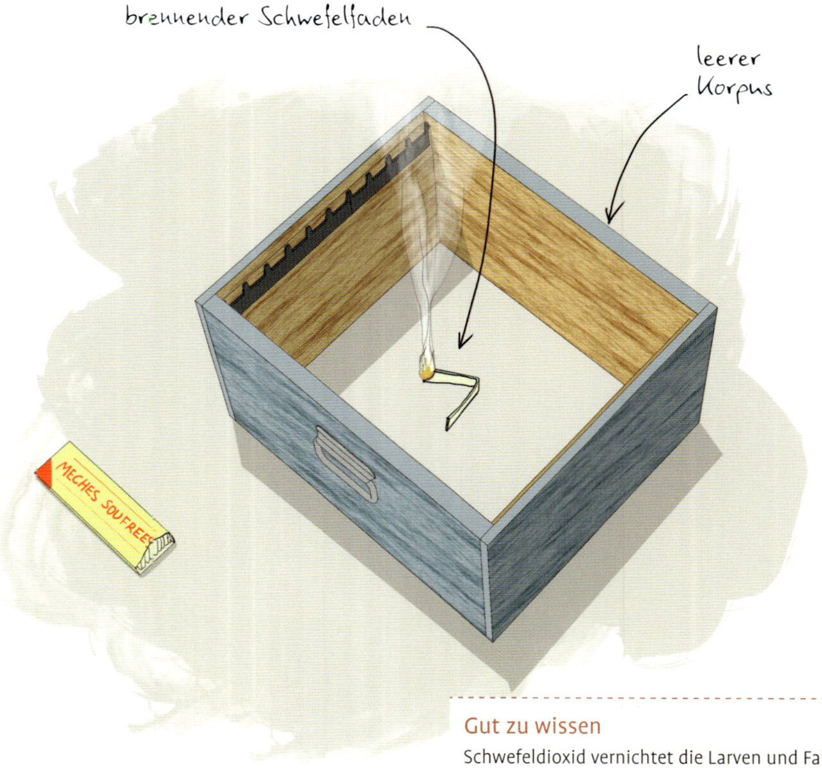

Gut zu wissen
Schwefeldioxid vernichtet die Larven und Falter, nicht jedoch die Eier. Wiederholen Sie die Aktion nach zehn Tagen, sobald wieder Larven geschlüpft sind. Dann werden die Zargen an einem trockenen Ort vor Nagetieren geschützt untergebracht.

Schritt 2

Stapeln Sie so viele Zargen wie möglich übereinander. Verschließen Sie den Stapel mit einem dichten Blechdach. Wenn der Schwefelfaden abbrennt, dringt das Schwefeldioxid in die Waben ein und vernichtet die Mottenlarven – nicht jedoch die Eier. Nach ungefähr einer halben Stunde hat sich das Gas verflüchtigt und Sie können die Zargen wegräumen.

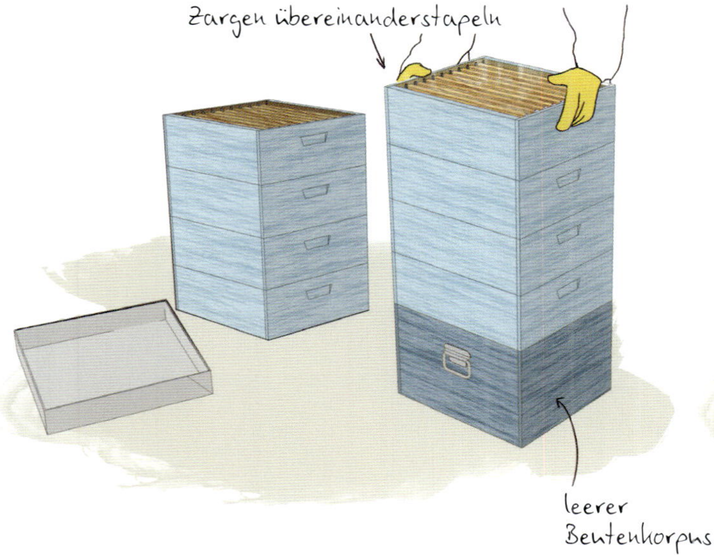

Übereinandergestapelte Zargen nach der Behandlung.

Wachsmotten auf den Rähmchen.

Den eigenen Honig ernten – Schritt für Schritt

Wann wird geerntet?

Im Idealfall ernten Sie nach jeder Tracht. So erhalten Sie die typischen Honigsorten der betreffenden Pflanzen. Sie müssen jedoch wissen, dass Sie die Bienenvölker danach füttern müssen.

Eine andere Vorgehensweise besteht darin, die Honigräume auf den Beuten zu belassen und nur ein einziges Mal im Juli zu ernten. Hierbei stellt der 14. Juli fast ausnahmslos die Deadline dar. Die Ernten fallen dann zwar schwächer aus, doch dafür muss die Ernährung der Völker weniger überwacht werden.

Eine Zarge kann geerntet werden, sobald die Honigwaben zu drei Vierteln verdeckelt sind. Aus hygienischen Gründen werden Rähmchen, die Brut enthalten, nicht verwendet. Aus diesem Grund ist es so wichtig, beim Aufstellen der Zargen ein Absperrgitter einzusetzen – die Königin kann so nicht in den Honigraum gelangen, um dort Eier abzulegen.

Ausrüstung

Bienenfluchten, Stockmeißel, Bürste, Eimer mit Chlorwasser, zwei oder drei leere Zargen, schweres Tuch.

Die Honigernte ist immer ein bedeutender Augenblick für den Imker – und sein Um-eld! Dies ist der Moment der Honigentnahme, bevor die Rähmchen in die Zentrifuge gegeben werden.

Entnahme der Honigräume

Entnehmen Sie die Honigräume, bevor die jeweilige Tracht zu Ende ist. Dann sind die Sammlerinnen unterwegs (sie sind die aggressivsten Bienen eines Volks) und Sie können das Risiko einer Plünderung in Zeiten des Nahrungsmangels begrenzen. Führen Sie die Entnahme der Honigräume am besten an einem Sonnentag bei hohem Luftdruck durch.

Am Vortag

Nach leichtem Räuchern auf der Zargenoberseite setzen Sie zwischen Brut- und Honigraum eine Bienenflucht ein. Sie erlaubt den Bienen, vom Honigraum nach unten in den Brutraum zu wandern, versperrt ihnen jedoch den Rückweg. Am nächsen Tag sind die Honigräume so gut wie bienenfrei.

Bienenflucht über dem Brutraum.

Entnahme der Honigräume über der Bienenflucht.

Tag X

- Nehmen Sie eine leere Zarge und stellen Sie sie in der Nähe der Beute auf einer Schubkarre umgekehrt auf ein Beutendach. Darüber legen Sie ein schweres Tuch.
- Räuchern Sie am Flugloch.
- Öffnen Sie die Beute und räuchern Sie die Honigrähmchen leicht ein. Räuchern Sie nicht zu stark, sonst schmeckt der Honig rauchig.
- Holen Sie jedes einzelne Rähmchen heraus und fegen Sie die Bienen ab. Oder stoßen Sie jedes Rähmchen ab und setzen es in die leere Zarge. Dann bedecken Sie das Ganze mit der Plane.
- Heben Sie die geleerte Zarge hoch, klopfen Sie auf den Boden, damit die letzten Bienen verjagt werden, und stellen Sie sie auf die befüllte Zarge. Danach decken Sie das Ganze mit dem Tuch ab und verschließen die Beute.
- Bei der nächsten Beute gehen Sie auf die gleiche Weise vor. Bringen Sie die Zargen danach zur Weiterverarbeitung.

Tipp

Achten Sie auf Hygiene, wenn Sie die Zargen transportieren. Verwenden Sie saubere Auflagen und stellen sie die Zargen nie auf den Boden.

Entnahme der Rähmchen.

Die Zargen werden mit einem schweren Tuch bedeckt.

Hygiene

- Tragen Sie Einmalhandschuhe und Ihre Arbeitskleidung.
- Desinfizieren Sie das gesamte Material vor Gebrauch mit Chlorwasser. Danach spülen und trocknen Sie es. Nach dem Gebrauch spülen Sie es mit warmem Wasser ab. Die Verwendung eines Spülmittels ist nicht nötig.

Honig schleudern und abfüllen

Da die Ausrüstung fürs Honigschleudern sehr kostspielig ist, sollten Sie am Anfang Ihren Honig bei einem Bekannten schleudern oder sich die Ausrüstung ausleihen. Ebenso können Sie die Dienstleistungen der Großimkereien nutzen.

Der Schleuderraum muss sauber und desinfizierbar sein. Er darf außerdem keine Unebenheiten aufweisen, damit sich Wachs- und Propolisspuren leicht entfernen lassen. Er muss überdies gegen Bienen abgedichtet und ausreichend geräumig sein, damit die Zargen, die Schleuderausrüstung und der Honigabfüllbehälter (der ja mehrere Tage, sogar Wochen, dort stehen bleibt) darin Platz finden.

Entdeckeln

- Stellen Sie ein Rähmchen auf die Spitze des Rähmchenhalters, oberhalb des Entdeckelungsbehälters.
- Mit einer Hand halten Sie das Rähmchen oben fest, mit der anderen Hand entfernen Sie die Deckel, indem Sie mit dem Messer entlangfahren. Arbeiten Sie niemals zum Körper hin, da sonst ein zu hohes Verletzungsrisiko besteht.
- Gleiten Sie mit dem Messer über die Zellen hinweg. Das Wachs und ein wenig Honig fallen in den darunter stehenden Entdeckelungsbehälter.
- Stellen Sie daraufhin das Rähmchen sofort in die Honigschleuder.
- Gehen Sie bei allen anderen Rähmchen gleichermaßen vor.

Material

Entdeckelungsgeschirr und Rähmchenhalter, Entdeckelungsmesser, Honigschleuder mit Handkurbel oder Motor, Lagerungsbehälter, Umfülleimer.

Honig schleudern

- Sobald sich alle Rähmchen in der Schleuder befinden, lassen Sie sie laufen – anfangs vorsichtig, dann schneller. Es ist besser, wenn sich die Schleuder langsam bei gleichbleibender Geschwindigkeit dreht, auch wenn dabei die Gefahr besteht, dass schlecht entdeckelte Bereiche möglicherweise platzen können.
- Sobald der Honig geschleudert ist, setzen Sie die Rähmchen wieder in die Zarge ein. Gehen Sie auf diese Weise bei jeder Zarge vor.
- Füllen Sie den gewonnenen Honig in den Abfüllbehälter um und setzen Sie die Aktion mit neuen Rähmchen fort.
- Legen Sie zerbrochene Rähmchen und beschädigte Waben beiseite. Sie werden zusammen mit den Deckeln eingeschmolzen, um Wachs zu gewinnen – wenn sie keine Brut enthalten haben. Andernfalls werfen Sie sie in gut verschlossenen Säcken in den Müll, und zwar am Abend vor der Leerung. Weder Ihre Nachbarn noch die Müllabfuhr sind begeistert, wenn Bienen die Mülleimer belagern!

Honig abfüllen

Im Abfüllbehälter wird der Honig geklärt und nicht konzentriert. Denken Sie daran, dass Sie ihn beim Abfüllen aus der Schleuder filtern (Metallfilter), um Wachsreste, Holzsplitter, tote Bienen und andere Verunreinigungen zu entfernen. Danach filtern Sie noch einmal, indem Sie oben auf dem Abfüllbehälter ein Passiertuch aus Nylon befestigen.

Zum Klären muss der Honig einige Zeit im Abfüllbehälter stehen. In wenigen Tagen steigen winzige Wachspartikel und Luftbläschen an die Oberfläche. Dann kann der Honig abgefüllt werden. Vorsicht: Wenn Sie den Honig zu lang in einem nicht ganz luftdichten Abfüllbehälter belassen, dann nimmt der Honig Luftfeuchtigkeit in sich auf. Dann besteht das Risiko, dass er zu gären beginnt.

Waben entdeckeln und schleudern

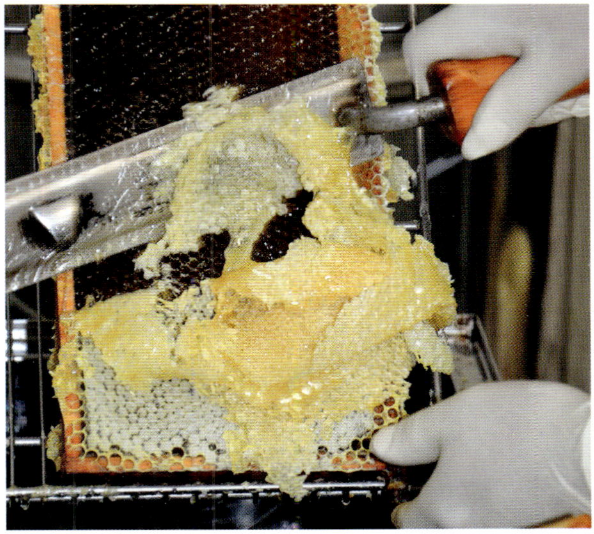

1. Die Waben werden mit einem Entdeckelungsmesser entdeckelt.

2. Die Rähmchen werden in die Honigschleuder eingesetzt.

3. Erster Filtervorgang beim Abfüllen aus der Schleuder.

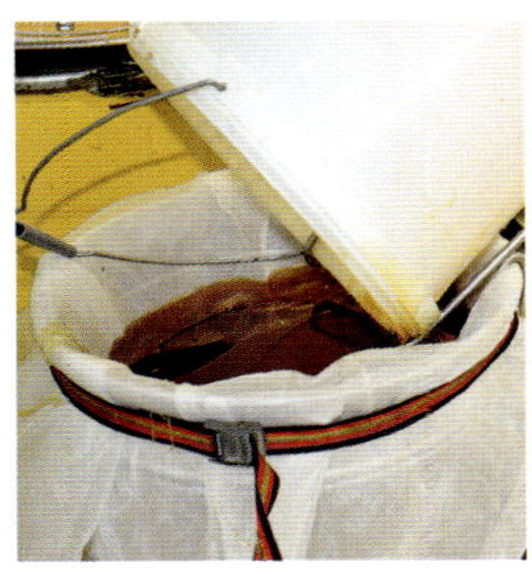

4. Zweiter Filtervorgang durch ein Passiertuch auf dem Behälter.

Abfüllen des eigenen Honigs

Der Honig sollte so schnell wie möglich in Gläser abgefüllt werden. Wie viel Zeit für die Klärung benötigt wird, hängt von der Umgebungstemperatur und der Viskosität des Honigs ab. Meistens reichen einige Tage bis eine Woche aus, um eine gute Klärung zu erreichen. Bei der ersten Ernte im Frühjahr (wenn Raps enthalten ist, der schnell kristallisiert) benötigt man nur vier Tage von der Ernte bis zur Abfüllung.

Am einfachsten ist es, wenn man den Honig unten aus dem Behälter entnimmt, der dazu oft mit einem Zapfhahn ausgestattet ist. Sobald Sie einmal herausgefunden haben, bei welcher Füllhöhe im Honigglas das gewünschte Gewicht erreicht ist, geht die Abfüllung schnell vonstatten.

Stellen Sie einen Teller auf den Boden, um Honigtropfen aufzufangen. Außerdem benötigen Sie einen sauberen, feuchten Schwamm, um damit die unvermeidlichen Tropfen abzuwischen, die am Glas herunterlaufen.

Tipp

Ihr Honig ist etwas sehr Wertvolles. Behandeln Sie ihn daher behutsam! Gläser sind schöner als Plastikbehälter, wobei natürlich auch der Preis eine Rolle spielt. Manche Plastikbehälter besitzen ein System, das den Deckel blockiert, bis der Verbraucher ihn öffnet. Kartonbehältnisse sind mit Plastikfolie ausgekleidet, da die Bestandteile des Kartons keinen Kontakt zu Lebensmitteln haben dürfen.

Schaum vom Abfüllbehälter entfernen

Um möglichst viel Honig ohne Verunreinigungen zu erhalten, müssen Sie den Schaum entfernen, der sich oben auf dem Abfüllbehälter bildet. Dazu legen Sie ein Stück Butterbrot- oder Backpapier auf den Schaum. Sobald dieser daran haften bleibt, ziehen Sie das Papier ab – ohne dass Honig hinuntertropft – und geben es in einen Behälter. Wiederholen Sie den Vorgang ein zweites oder drittes Mal an den Stellen, wo noch Schaum vorhanden ist. So werden Sie kaum mehr als 500 g Honig verlieren (der entfernte Honig kann immer noch in der Küche verwertet werden).

1. Schaumbildung auf dem geklärten Honig.

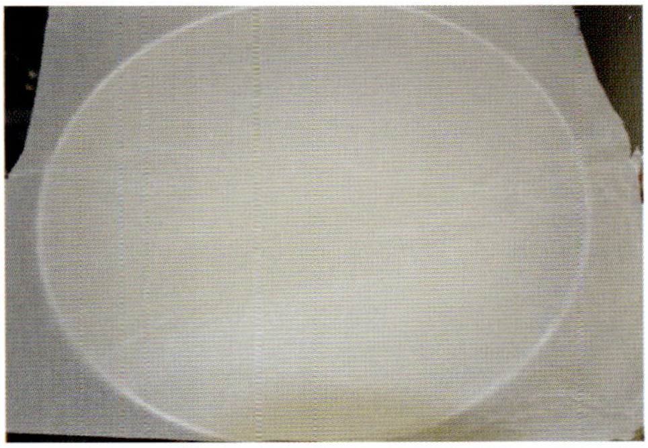

2. Butterbrotpapier auflegen (es muss den Abfüllbehälter überragen).

3. Papier auf den Schaum legen.

4. Ergebnis nach dem ersten Durchgang.

5. Ergebnis nach einem zweiten Durchgang.

6. Ergebnis am Ende des dritten Durchgangs.

Informationen und Hinweise für den Verbraucher

Honig nimmt einen ganz besonderen Platz im Bewusstsein der Verbraucher ein. Er ist ein Produkt, das man sowohl für seine geschmacklichen Vorzüge als auch für die positive Wirkung auf die Gesundheit liebt. Manche Menschen schwören auf flüssigen bzw. cremigen Honig, andere ziehen die kristallisierte Form vor. Lavendel-, Lindenblüten-, Heidekrauthonig, Tannenhonig oder Blütenhonig allgemein – es gibt zahlreiche Geschmacksrichtungen und Konsistenzen. Für jeden ist etwas dabei!

Was ist Honig?

Honig ist der natürliche Süßstoff, der von Honigbienen hergestellt wird aus Blütennektar oder Absonderungen lebender Pflanzenteile oder Ausscheidungen pflanzensaugender Insekten auf lebenden Pflanzenteilen, welche die Honigbienen sammeln, durch Vermischung mit spezifischen eigenen Substanzen verändern, ablagern, eindicken, lagern und in Honigwaben reifen lassen.

- Blütenhonig ist Honig, der aus dem Nektar von Blüten stammt.
- Honigtauhonig ist solcher hauptsächlich von Ausscheidungen pflanzensaugender Insekten (Hemiptera) aus lebenden Teilen von Pflanzen oder von Absonderungen lebender Pflanzen stammender.

(Definition des Honigs nach der EU-Norm)

Verschiedene Honigsorten weisen unterschiedliche Färbungen und Konsistenzen auf.

Honig aus einer oder vielen Blütensorten

Stammt ein Honig aus dem Nektar einer einzigen Blüte und wird er am Ende der Blütezeit geerntet, dann besitzt er einen ganz spezifischen Geschmack und seine Kristallisation erzeugt eine einzigartige Streichfähigkeit. So erkennt man Lindenblüten an ihrem mentholähnlichen Nachgeschmack, Raps an seiner feinen Kristallisation.

Doch kein Honig stammt nur von ein- und derselben Pflanze. In Wirklichkeit sind alle Honigsorten das Ergebnis aller Trachten, die in einer bestimmten Zeit blühen. Was versteht man nun unter einem Lindenblüten- oder Rapshonig? Denjenigen, der ihren Duft aufweist.

Um das auch technisch zu belegen, überprüft man im Labor den Pollengehalt. Wenn der größte Teil des Pollens von einer bestimmten Pflanze stammt, wird auch der Honig zum größten Teil aus ihrem Nektar entstanden sein.

Bei einer einzigen Ernte pro Jahr am Ende der Saison ergibt die Mischung der Trachten einen Blütenhonig. Er schmeckt aufgrund der Mischung meist ausgezeichnet.

Honigsorten, die nach einer Pflanze bezeichnet werden

Hier gibt es unter anderem Akazienhonig, Heide- oder Erikahonig, Kastanienhonig, Lavendelhonig, Rosmarinhonig, Brombeerhonig, Lindenhonig.

Honigsorte, die nach einem Insekt benannt ist

Wald- oder Tannenhonig wird aus Honigtau gewonnen, den zuckerhaltigen Ausscheidungen verschiedener Schnabelkerfe. Metcalfa-Honig stammt von der Bläulingszikade *Metcalfa pruinosa*.

Aufbewahrung von Honig

Ihre Honiggläser lagern Sie am besten bei konstanter Temperatur zwischen 20 und 25 °C. Honig kristallisiert unterhalb von 15 °C schnell. Es gibt auch Honigsorten, die – je nach Art des Zuckers bzw. Dauer der Aufbewahrung – nie kristallisieren. So kristallisiert Rapshonig (nahezu reine Glukose) bei Zimmertemperatur in drei Tagen, Apfelhonig braucht über einen Monat und Akazienhonig (reich an Fruktose) kristallisiert kaum oder gar nicht – je nach Fruktosekonzentration.

Sie mögen cremigen Honig? Man erhält ihn, indem man fein kristallisierten Honig unter flüssigen unterhebt. Wenn der Vorgang beendet ist, verändert sich der Honig bei Zimmertemperatur nicht mehr.

Verbraucherinformation

Über die Etiketten für Ihre Gläser werden Sie sich Ihre Gedanken gemacht haben. Bei ihrer Auswahl hat der Imker freie Wahl, je nachdem, wie er den Honig präsentieren möchte. In der deutschen Honigverordnung (HonigV) finden Sie Informationen zur richtigen Bezeichnung Ihres Honigs. Sie ist im Internet zugänglich.

Herstellung von cremigem Honig

1. Rühren Sie den flüssigen Honig langsam um und mischen 10 % kristallisierten Honig unter. Tun Sie das morgens und abends über einen Zeitraum von einer Woche, ohne Luft unterzurühren.
2. Sobald die Kristallisation eingesetzt hat, starten Sie einen neuen Zyklus, indem Sie 10 % dieser Mischung in den zu behandelnden Honig einrühren, und so fort.
3. Füllen Sie den Honig in Gläser und senken Sie die Temperatur rasch auf 10 °C ab.

Weitere Produkte der Bienen

Neben dem Honig kann der Imker auch noch andere Produkte gewinnen. Hier sind die wichtigsten aufgelistet.

Pollen.

Gefrorener Pollen.

Pollen

Der Pollen enthält das männliche Erbgut der Pflanzen. Er ist eiweißreich und unerlässlich bei der Ernährung der Larven. Die Pollenkörner sitzen in den Staubgefäßen, bleiben an den Haaren der Bienen hängen, um dann mithilfe der Füße in den Körbchen an den Hinterbeinen gesammelt zu werden.

Mit etwas Speichel vermischt sammeln die Bienen die Pollenkörner in den Zellen, die dem Brutnest am nächsten sind. Nun setzt eine Fermentierung ein, die die Pollenkörner teilweise auflöst, um sie verdaulich zu machen. Der Pollen wird jetzt als Bienenbrot bezeichnet. Man erkennt ihn in den Wabenzellen an seinen schillernden Farben, während der frische Pollen matt aussieht. Bestimmte Pilze können jedoch diese Fermentierung verhindern, sodass das Bienenvolk, das ja normalerweise über einen ausreichenden Pollenvorrat verfügt, nun Anzeichen einer Hungersnot aufweisen kann!

Der Pollen kann auch von Menschen verzehrt werden. Ihn den Bienen wegzunehmen ist riskant, denn wenn man zu viel entnimmt, leidet das Bienenvolk an Hunger. Pollen ist ein sehr anfälliges Produkt, das schnell schimmelt. Seine Qualität bleibt nur in gefrorenem Zustand erhalten.

Propolis

Propolis ist eine harzige Substanz, deren Grundstoffe die Bienen an den Knospen der Bäume sammeln. Sie wird dazu verwendet, um Löcher abzudichten und um Objekte und tote Tiere, die nicht zur Beute gehören, damit zu überziehen, da Propolis die Verwesung verhindert.

Propolis ist reich an Flavonoiden, wirkt in hohem Maße antioxidativ und gegen Bakterien und Pilze. In alten Arzneibüchern war Propolis hoch geschätzt. Propolis wird heute in Form von Lutschtabletten, Öl oder alkoholischen Tinkturen verwendet.

Propolis ist ein von Menschen unverändertes Produkt, das von Natur aus seine typischen Eigenschaften aufweist. In baumarmen Gegenden sammeln die Bienen allerdings auch Teer, Farben und Lacke, die nicht mehr kleben, aber noch nicht ausgehärtet sind. Außer einigen speziellen Rassen produziert jedes Bienenvolk rund 300 g Propolis pro Jahr.

Propolis.

Wachs

Zusammen mit Propolis gehört Wachs zu den ältesten Bienenprodukten. Wachs wurde von den Menschen als Heilmittel, zur Einbalsamierung, als Grundstoff der Malerei, zu Dekorationszwecken und vor allem zur Beleuchtung verwendet. Wachskerzen spendeten Licht und verströmten dabei einen angenehmen Duft, wenn man sie sich leisten konnte. Öllampen und Talgkerzen verbreiteten Ruß und einen wenig angenehmen Geruch, waren aber billiger.

Wachs findet heute in der Kosmetik und bei der Pflege bestimmter Lederarten (es wird besonders bei wertvollen Bucheinbänden eingesetzt) Verwendung. Als Bohnerwachs wird es kaum noch benutzt – außer für spezielle Zwecke in der Schreinerei. Bienenwachs ist eben leicht klebrig, sodass Staub darauf haftet.

Ein Bienenvolk produziert in einem Jahr ungefähr 800 g Wachs, das für den Wabenbau unerlässlich ist.

Bienenwachskerze.

Mit Propolis verklebtes Gitter.

+2

Fachbegriffe

Abflugbrett: Bereich der Beute, auf dem die Bienen abfliegen und landen.

Ableger: Kleines Bienenvolk, das künstlich geschaffen wurde, um ein neues Volk zu begründen.

Anaphylaktischer Schock: Der anaphylaktische Schock kann als allergische Reaktion des Organismus als Folge eines Bienenstichs auftreten. Es kommt zu einer Gefäßerweiterung der Blutgefäße, einem abrupten Absinken des Blutdrucks, einer beschleunigten Herzfrequenz und einem Sauerstoffmangel im Gehirn. Ein Koma, ja sogar der Tod, können die Folge sein. Es handelt sich um einen dramatischen Unfall, der zum Glück sehr selten vorkommt und der mit einer schnell verabreichten Adrenalin-Injektion behandelt werden kann. Als Vorsichtsmaßnahme sollten Allergiker für diesen Fall immer ein Notfall-Set bei sich tragen.

Arbeiterin: Unfruchtbare weibliche Biene, die im Wesentlichen sämtliche Arbeiten im Bienenvolk ausführt.

Baurähmchen: Ein Rähmchen, das mit einer Mittelwand versehen wurde, um den Wabenbau durch die Bienen anzuregen.

Ablegerkasten: Eine kleine Beute. Ablegerkästen umfassen meist fünf oder sechs Rähmchen, Beuten zehn oder zwölf.

Beute: Behälter, in dem das Bienenvolk lebt. Eine Beute kann aus Holz oder Plastik bestehen.

Bienenflucht: Platte, die am Vortag der Honigernte unter die Honigraumzargen gelegt wird, um die Bienen aus dem Honigraum zu evakuieren. Sie ist nur in einer Richtung passierbar.

Bienenvolk: Bienenpopulation, die eine Beute bewohnt.

Biozide: Chemische Produkte, die biologische Substanzen zerstören. Ein Beispiel für ein Biozid ist Chlorwasser.

Brut: Man bezeichnet damit die unterschiedlichen Entwicklungsstadien Eier, Larven, Rund- und Streckmaden, Puppen und schließlich schlüpfende Insekten.

Bruträhmchen: Rähmchen mit Brut. Auf einer Wabe mit offener Brut, auf der die Larven großgezogen werden, befinden sich die Ammenbienen. Auf den Waben mit verdeckelter Brut findet man ältere Bienen.

Brutraum oder Brutzarge: Der Raum in der Beute, in der die Königin die Eier legt und die Brut aufgezogen wird.

Drohn: Der Drohn ist eine männliche Biene. Man darf ihn nicht mit den Hummeln verwechseln, die zu anderen Arten der Hautflügler gehören.

Drohnenbrütiges Volk: Ein verwaistes Bienenvolk, das keine neue Königin großziehen konnte und in der die Arbeiterinnen in Ermangelung einer Königin Eier legen. Aus diesen Eiern schlüpfen nur Drohnen, da die Arbeiterinnen nie befruchtet worden sind. Ein solches Bienenvolk ist dem Untergang geweiht.

Ektoparasitose: Erkrankung, die durch äußere Parasiten verursacht wird.

Federzugwaage: Durch das Wiegen der Hinterseite der Beute mit einer Federwaage kann man ihr Gesamtgewicht abschätzen. In der kalten Jahreszeit wird regelmäßig gewogen, um die in der Beute noch vorrätigen Honigreserven abschätzen zu können und den Zeitpunkt zu bestimmen, ab dem man Nahrungsergänzungsmittel in Form von Zucker zur Verfügung stellen muss.

Futterbrei: Brei, der von den Drüsen der Bienen hergestellt wird, um damit die Königin, die Larven und die Drohnen zu füttern.

Futtertasche: Rähmchen, das mit Sirupvorräten gefüllt ist. Die Nahrung in ihr wird auf der Temperatur der Beute gehalten.

Gelée royale: Es wird in den Futtersaftdrüsen der Ammenbienen hergestellt. Durch die Fütterung mit dieser Substanz entwickelt sich aus einer weiblichen Bienenlarve eine Königin.

Greifklammer: Vergitterte Klammer, mit der man die Königin auf einer Wabe in der Beute fängt.

Honigraum oder Honigzarge: Zusätzlich aufgesetzte Zarge, die durch ein Absperr- oder Königinnengitter von der Brutzarge getrennt wird, sodass die Königin hier keine Eier legen kann. Daher findet sich in der Honigzarge ausschließlich Honig, der vom Imker geerntet werden kann.

Honigtau: Zuckerhaltige Absonderung der Insekten, die den Saft der Bäume saugen. Der Honigtau wird von den Bienen gesammelt und bildet die Basis des Tannen-, Metcalfa- und Waldhonigs.

Isolierendes Rähmchen: Rähmchen, das mit einem Isolationsmaterial versehen ist, um die Wärme, die im Winter von der Wintertraube produziert wird, zu reflektieren, damit die Innentemperatur der Beute ansteigt.

Königin: Fortpflanzungsfähige weibliche Biene, von der es pro Bienenvolk nur eine einzige gibt.

Königinnengitter: Gitter, bei dem die Maschen die Größe von Arbeiterinnen haben, sodass die um einiges größere Königin nicht hindurch passt.

Kunstschwarm: Abtrennung eines Teils eines Bienenvolks mit einer zusätzlichen Königin, um auf diese Weise ein zusätzliches Bienenvolk zu schaffen.

Mykose: Erkrankung durch Pilzbefall, der sich auf den Larven entwickelt.

Naturschwarm: Wilder Schwarm unbekannten Ursprungs.

Nektar: Zuckerhaltiger Saft, den die Blüten produzieren, um Insekten anzulocken.

Pheromone: Drüsensekrete, die mit Hormonen vergleichbar sind, nur dass sie außerhalb und nicht innerhalb des Körpers wirken. Es handelt sich um ein System zur Nachrichtenübermittlung auf chemischem Weg, welches das Verhalten des Bienenvolks steuert. Königin, Bienen und Brut produzieren alle Phermone.

Plünderung: Angriff auf eine Beute durch Bienen anderer Beuten, um deren Honigvorräte zu stehlen.

Pollenfalle: Vorrichtung, um den Pollen einzusammeln, sobald die Sammlerinnen damit in die Beute zurückkehren.

Primärschwarm: Beim Schwärmen stellt er den ersten Schwarm dar. Ihm gehört meist die aktuelle Königin an. Es handelt sich um einen großen Schwarm, da er aus der Hälfte des Bienenvolks besteht. Manchmal verlässt noch ein zweiter, Schwarm die Beute. Diesen Schwarm bezeichnet man dann als Sekundärschwarm. Er besteht jeweils aus einem Teil des restlichen Bienenvolks und einer jungen Königin.

Propolis: Harz, das von den Knospen der Bäume abgesondert wird, wird von den Bienen zu Propolis verarbeitet und vor allem zum Abdichten benutzt.

Rähmchen: Holzrähmchen, das in die Beute eingesetzt wird, um so den Bau der Waben zu steuern. Die Rähmchen sind beweglich und machen die Waben manipulierbar. Ihre Anzahl in der Beute ist variabel, je nach Beutemodell und Jahreszeit.

Randrähmchen: Äußere Rähmchen einer Beute. In einer Beute mit zehn Rähmchen stellen Rähmchen Nr. 1 und Rähmchen Nr. 10 die Randrähmchen dar.

Smoker: Gerät zur Raucherzeugung. Es dient insbesondere dazu, beim Öffnen der Beuten die Aggressivität der Bienen zu verringern.

Sporen: Pilze vermehren sich über Sporen, ähnlich wie Samenpflanzen über Samen.

Stockbienen: Junge Bienen, die höchstens 20 Tage alt sind und sich um die Pflege des Bienenvolks kümmern: Larven und Königin füttern, die Brut wärmen, mit den Flügeln fächeln, um die Beute zu kühlen oder den Nektar zu trocknen, die Zellen reinigen, Abfälle abtransportieren und den Beuteneingang bewachen.

Stockmeißel: Hebel, mit dem der Imker sämtliche Elemente einer Beute anheben kann, die durch das Propolis zusammenkleben, das von den Bienen zum Abdichten verwendet wird.

Tracht: Angebot von Pflanzen einer bestimmten Art, deren Nektar die Bienen eintragen. Raps, Akazie, Heidekraut, Kastanie, Linde und Sonnenblume stellen die wichtigsten Trachten dar.

Transhumanz: Umherziehen mit den Beuten von einem Ort der Blüte zum nächsten.

Trophallaxis: Weitergabe von Nahrung unter den Bewohnern einer Beute, die oft von Pheromonen gesteuert wird.

Überstand: Äußerste Enden des Rähmchenoberteils, mit deren Hilfe man die Rähmchen in die Beute einhängen kann. Diese Enden werden auch als Ohren bezeichnet.

Umweiseln: Auswechseln einer Königin eines Bienenvolks, um sie durch eine jüngere zu ersetzen.

Verdeckeltes Rähmchen: Rähmchen mit Brut, deren Zellen mit Deckeln verschlossen sind, der sogenannten verdeckelten Brut.

Wabe: Wachskonstruktion, die sich aus sechseckigen Zellen zusammensetzt, in denen die Bienen die Brut aufziehen und Honig, Pollen und Nektar lagern.

Wabenhonig: Mischung aus Wachs und Honig, die bei der Entdeckelung der Rähmchen vor der Honiggewinnung entnommen werden kann.

Weisel: Die Königin eines Bienenvolks.

Weiselzelle: Königinnenzelle, die größer als die anderen Zellen ist und die Form einer Erdnuss hat.

Wintertraube: Während der kalten Jahreszeit schließt sich das Bienenvolk in der Beute zu einer Traube zusammen und lebt vom Honig der umgebenden Waben.

Zelle: Sechseckiges Wachsgebilde, das entweder Honig, Pollen oder Brut enthält und zusammen mit vielen anderen Zellen eine Wabe bildet. Bei den Brutzellen unterscheidet man Königinnen-, Arbeiterinnen- und Drohnenzellen.

Zoonose: Krankheiten, die vom Tier auf den Menschen übertragbar sind. Bei Bienen gibt es keine Zoonosen, da keine ihrer Krankheiten auf den Menschen übertragen werden kann.

Literatur

Benjamin, A., & B. McCallum (2009): Bienen halten und Honig herstellen. Verlag Eugen Ulmer, Stuttgart.

Frank, R. (2016): Honig. 2. Aufl. Verlag Eugen Ulmer, Stuttgart.

Gekeler, W. (2013): Honigbienenhaltung. 2. Aufl. Verlag Eugen Ulmer, Stuttgart.

Kohfink, M.-W. (2010): Bienen halten in der Stadt. Verlag Eugen Ulmer, Stuttgart.

Lampeitl, F. (2006): Bienen halten. 6., akt. Aufl. Verlag Eugen Ulmer, Stuttgart.

Lampeitl, F. (2009): Bienenbeuten und Betriebsweisen. Verlag Eugen Ulmer, Stuttgart.

Riondet, J. (2014): Imkern Monat für Monat. 2. Aufl. Verlag Eugen Ulmer, Stuttgart.

Ritter, W. (2016): Bienen gesund erhalten. Krankheiten vorbeugen, erkennen und behandeln. 2., erweit. Aufl. Verlag Eugen Ulmer, Stuttgart.

Schick, B., & A. Spürgin (1997): Die Bienenweide. 4., überarb. Aufl. Verlag Eugen Ulmer, Stuttgart.

Schroeder, A. (2012): Gesundes aus Honig, Pollen, Propolis. Verlag Eugen Ulmer, Stuttgart.

Spürgin, A. (2012): Die Honigbiene. 5. akt. Aufl. Verlag Eugen Ulmer, Stuttgart.

Tourneret, E., & S. de Saint Pierre (2017): Die Wege des Honigs. Verlag Eugen Ulmer, Stuttgart.

von Orlow, M. (2017): Die Imkerin. Melanie von Orlow. Verlag Eugen Ulmer, Stuttgart.

Zeiler, C. (1992): Ratschläge für den Bienenfreund. 5., akt. Aufl. Verlag Eugen Ulmer, Stuttgart.

Register

Bildquellen

Zeichnungen

Virginie Jacot

Fotos

Titelbild: Ines Meier, Berlin
Adell, W.: Seite 29 (oben), 53, 73, 80, 129
ANSES: Seite 118
Bauer, S. (USDA): Seite 115
Bonnafoux C.: Seite 56–57
Boyer, N.: Seite 89
FNOSAD: Seite 109
Guillaud, F.: Seite 61 (oben und links unten)
Michel, S.: Seite 97 (rechts)
Piquée, J.: Seite 18, 126
Ritter, R.: Seite 108, 110, 112, 113, 114, 116, 120
Schembri, J.: Seite 9, 29 (unten), 97
Fotolia: Seite 2, 7, 10, 12, 13, 14, 17, 19, 24–25, 30, 31 (unten rechts), 32, 60 (unten), 69, 71, 74–75, 76, 83, 88 (unten), 91, 94–95, 96, 104–105, 106 (links), 121, 122–123, 131, 134–135, 146, 148, 149, 150, 151 (oben), 152–153
MAP (mise au point): Seite 61 (unten rechts)

Danksagung des Autors

Ein herzliches Dankeschön an Martine Normand für ihr kritisches und präzises Korrekturlesen bei einem absoluten Neuling.
Jean Riondet

Die in diesem Buch enthaltenen Empfehlungen und Angaben sind vom Autor mit größter Sorgfalt zusammengestellt und geprüft worden. Eine Garantie für die Richtigkeit der Angaben kann aber nicht gegeben werden. Autor und Verlag übernehmen keine Haftung für Schäden und Unfälle. Bitte setzen Sie bei der Anwendung der in diesem Buch enthaltenen Empfehlungen Ihr persönliches Urteilsvermögen ein. Der Verlag Eugen Ulmer ist nicht verantwortlich für die Inhalte der im Buch genannten Websites.

Titel der französischen Originalausgabe:
Jean Riondet, Installer un Premier Rucher

Aus dem Französischen von Claudia Ade.

Bibliografische Information der Deutschen Nationalbibliothek
Die Deutsche Nationalbibliothek verzeichnet diese Publikation in der Deutschen Nationalbibliografie; detaillierte bibliografische Daten sind im Internet über http://dnb.d-nb.de abrufbar.

Wollgrasweg 41, 70599 Stuttgart (Hohenheim)
E-Mail: info@ulmer.de
Internet: www.ulmer-verlag.de
Lektorat: Michael Kokoscha, Kathrin Gutmann
Herstellung: Birgit Heyny
Umschlag-Konzeption: Ruska, Martín, Associates GmbH, Berlin
Umschlag-Gestaltung: Verlag Eugen Ulmer
Satz: Michael Kokoscha
Druck und Bindung: Westermann Druck Zwickau GmbH, Zwickau
Printed in Germany

ISBN 978-3-8001-0292-1